我的第一本
生物
启蒙书

基础篇

冰河 编著

中国和平出版社
China Peace Publishing House

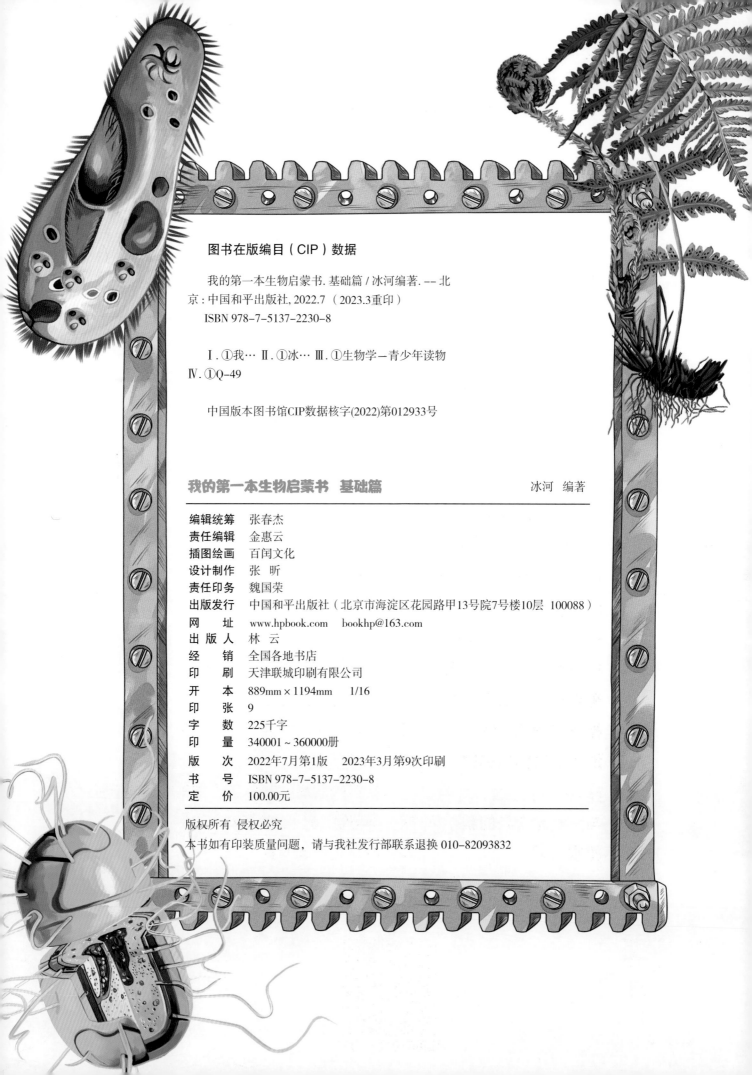

图书在版编目（CIP）数据

我的第一本生物启蒙书. 基础篇 / 冰河编著. -- 北
京：中国和平出版社, 2022.7 （2023.3重印）
　ISBN 978-7-5137-2230-8

　Ⅰ.①我… Ⅱ.①冰… Ⅲ.①生物学—青少年读物
Ⅳ.①Q-49

中国版本图书馆CIP数据核字(2022)第012933号

我的第一本生物启蒙书　基础篇　　　　　　　　　　　　冰河　编著

编辑统筹	张春杰
责任编辑	金惠云
插图绘画	百闻文化
设计制作	张　昕
责任印务	魏国荣
出版发行	中国和平出版社（北京市海淀区花园路甲13号院7号楼10层　100088）
网　　址	www.hpbook.com　bookhp@163.com
出版人	林　云
经　　销	全国各地书店
印　　刷	天津联城印刷有限公司
开　　本	889mm×1194mm　　1/16
印　　张	9
字　　数	225千字
印　　量	340001～360000册
版　　次	2022年7月第1版　2023年3月第9次印刷
书　　号	ISBN 978-7-5137-2230-8
定　　价	100.00元

目 录

迷人的细胞王国

细胞和它的指挥中心　　　　2

人体细胞核里的神秘物质　　4

像只拖鞋的草履虫　　　　　6

迷人的植物细胞王国　　　　8

细胞王国的长城——细胞壁　10

单细胞生物——细菌　　　　12

可怕的病毒　　　　　　　　14

植物的进化史

植物的进化系统树　　　　　16

植物中的元老——藻类植物　18

靠孢子繁殖的苔藓植物　　　20

种类繁多的蕨类植物　　　　22

远古时代的鳞木类植物　　　24

裸露种子的裸子植物　　　　26

种类丰富的被子植物　　　　28

被子植物的一生　　　　　　30

地下结果实的秘密　　　　　32

多种多样的根

与芽一起生长的根　　　　　34

树木的根　　　　　　　　　36

长得像胡须一样的根　　　　38

红薯的贮藏根　　　　　　　40

萝卜和胡萝卜的根　　　　　42

功能强大的茎

不断伸长的茎　　　　　　　44

模样奇怪的茎　　　　　　　46

生长在地下的茎　　　　　　48

竹子长高的秘密　　　　　　50

藏在泥中的藕　　　　　　　52

须跟发达的布袋莲　　　　　54

叶子里面的秘密

钻进叶片里　　　　　　　　56

光合作用　　　　　　　　　58

仙人掌的叶子　　　　　　　60

害羞的含羞草　　　　　　　62

吃"肉"的叶子　　　　　　64

圆圆叶片的睡莲　　　　　　66

美丽的花

花粉的故事　　　　　　　　68

神秘的、臭臭的大王花　　　70

没有花瓣的稻花　　　　　　72

让阅读轻松一"点"

开出"蜡烛"的香蒲　74

分外妖娆的虞美人　76

结出果实

春天的蒲公英　78

豆粒饱满的豌豆　80

金灿灿的小麦　82

多汁的桃子和苹果　84

匍匐在地的草莓　86

坚硬的椰子　88

酸酸甜甜的橘子　90

成串的葡萄　92

汁多味美的番茄　94

植物中的大炮——喷瓜　96

不喜欢阳光的桦树　98

自然界的真菌

生命短暂的菇类　100

废物处理专家　102

神奇的冬虫夏草　104

美味可口的松露　106

动物的生存环境

很少下雪的北极　108

没有暖流的南极　110

北美洲北部森林　112

北美大草原　114

热闹的北美洲沙漠　116

茂密的亚马孙雨林　118

危险恐怖的亚马孙河　120

欧洲的森林　122

欧亚北方森林　124

亚洲的丛林　126

亚洲干草原　128

中亚酷热的戈壁　130

不可思议的大洋洲　132

非洲稀树草原　134

在这个星球上，有花开花落，有四季更迭，有虫鸣鸟叫，有鱼戏莲间；当然也会有病毒侵扰，瘟疫肆虐……这套书从孩子的视角，用简洁的语言、生动的插画，把孩子们带进一个奇妙的生物世界。你读后不仅可了解看不见的微生物、不可思议的人体，还可知道动植物的繁衍生息。

黄蓓

安徽大学生命科学学院教授

一起来了解有趣的生物知识吧！

细胞和它的指挥中心

细胞是生命的基本单位，除病毒之外，所有生物都是由细胞组成，不过，病毒的活动也要在细胞中完成。在我们人体中，有无数的细胞，每个细胞小到无法用肉眼看见，但是，在显微镜的帮助下，我们就能研究细胞了。细胞里有个细胞核，它是细胞的控制中心，可以发号施令，指挥着细胞工作。

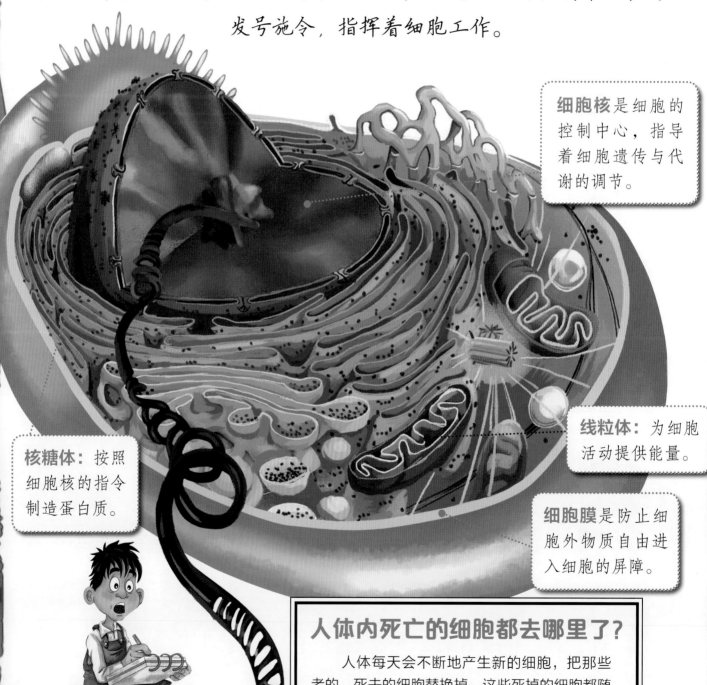

细胞核是细胞的控制中心，指导着细胞遗传与代谢的调节。

线粒体：为细胞活动提供能量。

核糖体：按照细胞核的指令制造蛋白质。

细胞膜是防止细胞外物质自由进入细胞的屏障。

人体内死亡的细胞都去哪里了？

人体每天会不断地产生新的细胞，把那些老的、死去的细胞替换掉。这些死掉的细胞都随着身体的新陈代谢被排出体外了。

生物体的生长与细胞分裂： 生物之所以从小到大，是因为细胞的分裂和生长。细胞数量随着个体的生长而增加，细胞分裂将导致细胞数量的增加。人体细胞分裂包括有丝分裂和减数分裂。有丝分裂通常包括细胞核分裂和细胞质分裂两步，在核分裂过程中，母细胞把遗传物质传给子细胞，完成细胞分裂后，所经历的过程叫一个细胞周期。

减数分裂是在进行有性生殖的生物中，导致生殖母细胞中染色体数目减半的分裂过程。

人体的各种细胞

①脂肪细胞里填满了液滴状的脂肪，它不仅可以帮助人体保持体温，还可以在需要时，给机体供应能量。

②神经细胞是组成神经系统的基本结构单位，它们互相连接在一起，像高速公路一样，负责接收和传递各种信号。

③肌肉细胞共同组成肌肉纤维，来帮助躯体和四肢完成运动。

④无数胃上皮细胞组合在一起，形成胃黏膜组织，胃黏膜组织与其他结构细胞再结合在一起，组成人体的消化器官——胃。

人体每天要死亡多少个细胞？

科学家发现，每个成年人的体内，每天要死亡上百亿的细胞，其实这些细胞大都是自然老化死亡的，同时，每天还会有新的细胞产生，有学者计算，一个体重120斤的人，每天死亡的细胞有300克左右。

人体细胞核里的神秘物质

　　人体内的细胞并不是一成不变的，它每天都会分裂，生成新的细胞。这些新生成的细胞，可以代替那些已经受损的旧细胞。在这个过程中，新生成的细胞还和原来的旧细胞一模一样。这其中有何奥秘呢？原来，细胞的细胞核里有种神秘的物质，它就是由DNA和蛋白质构成的染色体。

染色体是染色质丝螺旋缠绕，缩短变粗形成的浓缩结构，染色体在细胞分裂前会复制和数量翻倍。细胞分裂形成的新细胞的染色体数目与原细胞相同。

染色体的历史

　　染色体包含有遗传基因，控制由父母遗传给子女的遗传特征。这些特征会代代相传下去。1848年，德国的植物学家首次发现了染色体。1910年，美国生物学家托马斯·亨特·摩尔根发现了染色体的主要功能，他将染色体称为基因携带体。凭借这一发现，摩尔根在1933年获得了诺贝尔医学奖。

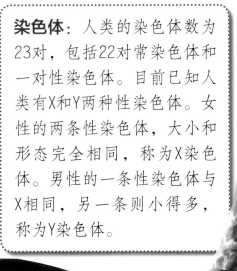

染色体：人类的染色体数为23对，包括22对常染色体和一对性染色体。目前已知人类有X和Y两种性染色体。女性的两条性染色体，大小和形态完全相同，称为X染色体。男性的一条性染色体与X相同，另一条则小得多，称为Y染色体。

数量各异的染色体

不同生物之间，染色体的数量也不相同，比如蕨类植物有1260条染色体，人有46条染色体，蝾螈有24条染色体，果蝇有8条染色体。我们可能发现，这几种动植物的染色体都是偶数的，那么有没有奇数的染色体呢？有，比如骡子。骡子是马和驴结合的后代，马有64条染色体，驴有62条染色体，而它们的孩子——骡子只有63条染色体。

每个染色体都由两条通过着丝粒连着的染色单体构成。染色体含有DNA（脱氧核糖核酸）和蛋白质。

染色体由染色质丝扭成螺旋圈一样的紧密结构——称为超螺线管。

每个染色质由类似"脚手架"的其他蛋白质所固定的环状结构组成。

核小体构成染色体的基本单位，是由DNA链缠绕组蛋白八聚体组成。

每一圈环状结构含有6个核小体，这些核小体就像珍珠一样，被DNA链串了起来。

像只拖鞋的草履虫

草履虫身体很小，它只由一个细胞组成，属于单细胞动物。经实验表明，草履虫的身体可以感受到光、热、电的刺激。世界上最常见的是大草履虫，体长有180~280微米。草履虫的寿命很短，一般只有24小时左右。因为它的身体形状看上去像一个倒放的草鞋底，所以人们称它为草履虫。

攻击：栉毛虫将毒丝泡射向草履虫。

栉毛虫的大核体在身体中部。

栉毛虫逐渐靠近被麻痹了的草履虫。

栉毛虫正在吞食草履虫。

草履虫最大的天敌就是栉毛虫。栉毛虫是一种枪管状的原生生物。它的细胞呈圆桶形，胞口位于前部圆锥形突起的顶端。身体上有1至2圈纤毛环绕，纤毛环上的纤毛整齐排列成梳状的纤毛栉。由于草履虫的身材比栉毛虫大得多，所以，当栉毛虫攻击草履虫的时候，会先将自己的身体扩张3~4倍，然后再喷射出毒丝泡，射向草履虫。当草履虫被毒丝泡击中时，它会变得失去知觉，而栉毛虫就会慢慢靠近，将它吞食。

栉毛虫完全吞没了草履虫。

草履虫能感受到光、热、电

草履虫是单细胞生物，细胞内除了蛋白质等一些物质外，大部分是由水构成的。而细胞内的水并不都是处在流动状态，有一部分是静止不动的，称之为"液晶态"。液晶态对外界的变化非常敏感，所以草履虫能感觉到光、热、电对它的刺激，也就不足为奇了。

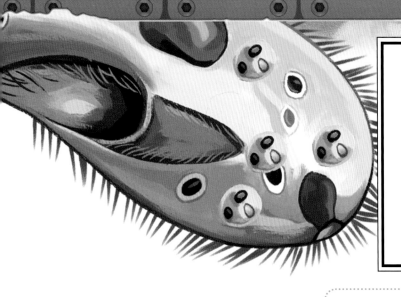

草履虫是单细胞生物，没有神经系统。但草履虫能逃避有害刺激，趋向有利刺激，它的这种反应活动称为应激性。应激性是生物在遇到外界刺激时能够做出的规律性反应，是生物具有的普遍特性，它能够使生物"趋利避害"，增强生物适应周围环境的能力。

伸缩泡：收集代谢废物和多余的水分，并排到体外。

单细胞藻类

一只草履虫每小时大约能形成60个食物泡，每个食物泡中大约含有30个细菌，因此，一只草履虫每天大约能吞食4万多个细菌，它对污水有一定的净化作用。

口沟

胞口：食物通过胞口进入草履虫体内。

食物泡是草履虫进行胞吞作用产生的，食物进入细胞后将与初级溶酶体融合，形成次级溶酶体。食物泡随着细胞质流动，其中的食物逐渐被消化。

小核：负责有性重组，每当草履虫进行有丝分裂时，小核都会分裂。

大核：包含数百组完整的成对遗传物质，当草履虫的细胞分裂和复制时，大核只需要被大致分成两半即可。

胞肛：草履虫通过肛孔进行排泄。

迷人的植物细胞王国

路边的大树，花园里的鲜花，田野上翻滚的麦浪，池塘中漂浮的水藻，它们的模样各不相同，却都是由一种类似的"建筑材料"——植物细胞构成。

植物细胞通常很小，大多数都要借助显微镜才能看清楚。不过植物细胞虽小，功能却很强大，你想了解植物细胞吗？让我们去看看它精巧的构造吧。

液泡： 液泡会随着细胞的生长而渐渐长大，直到有一天，在成熟的细胞中形成一个大大的液泡，这个时候，它可以占据细胞王国90%以上的领地！

植物的细胞壁 像细胞穿的外衣，主要由纤维素构成，具有一定的硬度和弹性。在植物小的时候，细胞壁很薄，随着它慢慢长大，细胞壁会慢慢变厚。细胞壁上有细细的纹孔，供细胞与外界之间进行物质交换。

叶绿体 是植物绿色细胞所特有的能量转换细胞器。大多数植物的能量来源都是叶绿体进行光合作用提供的。在显微镜下，高等植物的叶绿体形状一般为椭球形，叶绿体中由于含有大量的叶绿素而呈现绿色。

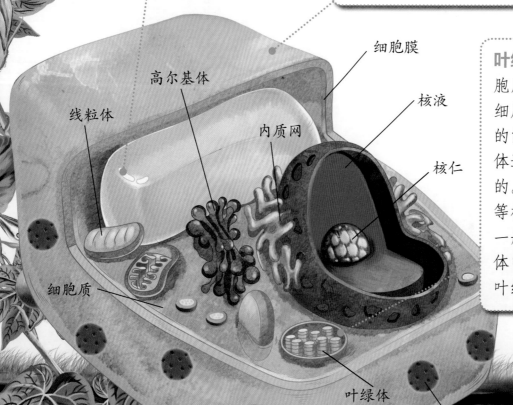

高尔基体

细胞膜

线粒体

核液

内质网

核仁

细胞质

叶绿体

纹孔

地球上，生活着许许多多的植物，有的植物只由一个**细胞**构成，一切生命活动都由这一个**细胞**来完成。地衣是最常见的苔藓植物之一，它是由真菌和藻类组成的混合体，主要繁殖方式类似真菌。

植物细胞和动物细胞有什么区别？

植物和动物都是由细胞构成的，但植物细胞和动物细胞的结构不太一样。植物细胞有三件宝贝是动物细胞没有的：细胞壁、液泡和叶绿体。如果要你在显微镜下观察并判断观察物属于什么细胞，通常情况下，你只需找到上述三件宝贝中的一种，就可以判断它是植物细胞了。

牵牛花的生长过程

有的植物则由无数个细胞构成，它们分工合作，共同保证着植物生根、发芽、生长、开花和结果。

9

细胞王国的长城——细胞壁

　　植物细胞外围有一道起保护作用的"墙壁"，我们称之为细胞壁。细胞壁并非一堵死墙，在小小的细胞王国里，它的作用可大了。

　　细胞壁主要由纤维素和半纤维素组成，里面有很多"欢蹦乱跳"的小家伙，这些小家伙在接收外界信息、改变细胞形状方面，起着非常重要的作用。随着细胞慢慢长大，细胞壁会慢慢变厚，否则它就无法完成保护和支撑细胞的任务了。

细胞壁里面还有一层细胞膜，它是细胞的门户，不仅能接收外界的信息，还能调节和选择物质进出细胞。

　　细胞膜上有蛋白质，这些蛋白质能识别来往的过客，一旦发现有细胞所需要的物质，就会立刻打开门户，欢迎它们进来。

　　香蒲的茎秆很细，但它依然昂首挺立，就是因为**细胞壁**在起作用。

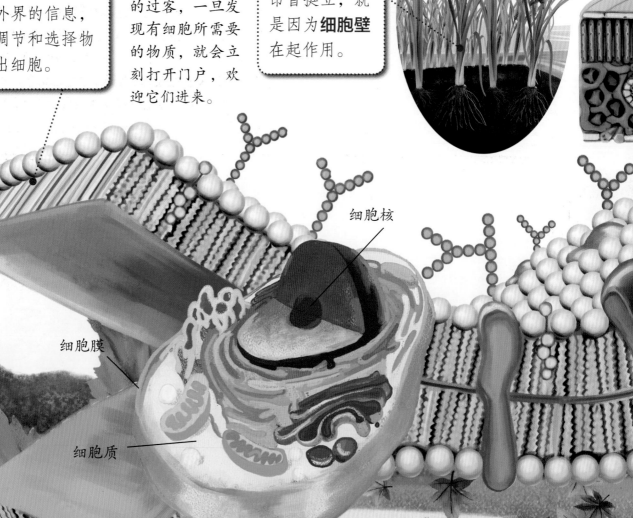

细胞核

细胞膜

细胞质

你了解叶绿体吗？

　　植物饿了，该怎么办呢？在小小的细胞中，有一个非常抢眼的"小家伙"——叶绿体，它能帮植物解决这个问题。叶绿体的本事很大，正是靠着它，植物才得以一边惬意地享受阳光，一边勤快地进行光合作用，为自己制造养分。有了这些养分，植物才能健康地成长。在叶绿体当中，还有几个能吸收不同光线的小家伙，其中最显眼的要数叶绿素、胡萝卜素和叶黄素这几种色素了，它们能使叶子呈现不同的颜色。

　　绿色植物中**叶绿素**的含量最多，其他色素的含量较少，这样一来，其他颜色就会被绿色掩盖住，使叶子显出绿色来。

　　到了秋天，叶绿素忍受不了低温，在叶子里分解、消失得很快，而胡萝卜素和叶黄素则比较稳定，终于在秋天有了"露脸"的机会。这时候，如果叶子里胡萝卜素多就会呈现红色，而叶黄素多则呈现黄色。

单细胞生物——细菌

细菌无处不在，比如我们的手上就有很多细菌。但细菌太小了，眼睛看不见，只有借助显微镜才能看见它。你们想知道细菌长什么样子吗？其实细菌还是挺可爱的，有些长得像一串串葡萄，有些长得像珍珠项链，还有的像水果软糖呢。

和其他生物不同，细菌是单细胞生物，一个细胞就是一个生命体，它的体内有细胞质和细胞膜等，有些细菌身上还长着可爱的纤毛。

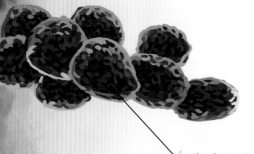

葡萄球菌是一种常见的致病细菌。

口腔里的细菌

即使每天刷牙，我们的口腔里还是会有许许多多的细菌。有的细菌从空气中传播而来，有的细菌来自食物或者水中。它们的种类很多，有大肠杆菌、葡萄球菌、链球菌和乳酸杆菌等。在身体健康的时候，口腔里的这些细菌可以帮助我们抵抗其他细菌的入侵，而当我们免疫力降低的时候，这些细菌也会让我们生病。

乳酸杆菌广泛存在于酸奶中，人们通过摄取乳酸杆菌来帮助消化。

大肠杆菌通常会存在于人和动物的肠道中，在一定状态下，它会引起腹泻等肠道疾病。

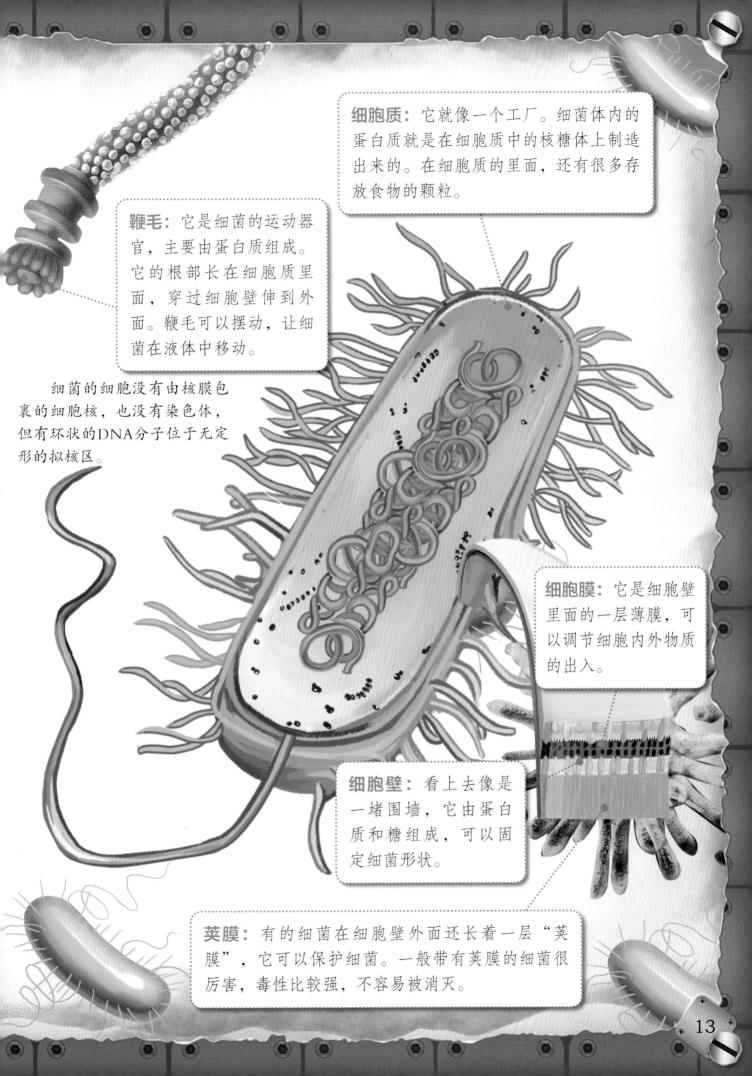

细胞质: 它就像一个工厂。细菌体内的蛋白质就是在细胞质中的核糖体上制造出来的。在细胞质的里面,还有很多存放食物的颗粒。

鞭毛: 它是细菌的运动器官,主要由蛋白质组成。它的根部长在细胞质里面,穿过细胞壁伸到外面。鞭毛可以摆动,让细菌在液体中移动。

细菌的细胞没有由核膜包裹的细胞核,也没有染色体,但有环状的DNA分子位于无定形的拟核区。

细胞膜: 它是细胞壁里面的一层薄膜,可以调节细胞内外物质的出入。

细胞壁: 看上去像是一堵围墙,它由蛋白质和糖组成,可以固定细菌形状。

荚膜: 有的细菌在细胞壁外面还长着一层"荚膜",它可以保护细菌。一般带有荚膜的细菌很厉害,毒性比较强,不容易被消灭。

>> 可怕的病毒

　　微生物王国里有一群非常特别的成员，微小的细菌对于它们来说都是庞然大物。它们平时不进食也不成长，一旦锁定合适的细胞，就将自己的遗传信息注入细胞中，使细胞停止正常活动，这些家伙就是病毒。

这种形态奇异的病毒是**噬菌体**，它在攻击细菌。

噬菌体将DNA注入细菌中。

在细菌内部，噬菌体的DNA完成自我复制，生成新病毒。

——细菌的DNA

头部

尾丝：噬菌体的下方长有6条像脚一样的尾丝。这些由蛋白质构成的尾丝能牢牢地吸附在细菌的表面。

尾鞘：它是一条连接头部与尾丝的中空的管子。通过尾鞘，病毒可以把DNA注入细菌中。

"假装睡觉"的噬菌体

平时，噬菌体好像是处在深度睡眠中，甚至都不显现生命的迹象，一旦遇到合适的宿主细菌细胞时，它们瞬间就会被唤醒，像一架架灵活的探测器，迅速锁定细菌细胞，用尾丝把自己固定在细胞表面，同时释放一种可以溶解细胞壁的酶，溶出一个开口，尾鞘收缩，将DNA从开口注入细菌内部。然后它就会舍去自己的外壳，借助侵入细菌细胞内部的DNA使细菌停止正常活动，并按照自身DNA的指令复制出新的病毒。

制造溶菌酶

新病毒形成后，DNA还会给细菌下达制造溶菌酶的指令，这种酶能够让细菌的细胞壁破裂，当细胞壁破裂后，复制好的新病毒又从细胞中逃逸出来，静静等待下一个宿主细菌细胞，而细胞壁已经破裂的细菌，生命就在此终结了。

噬菌体：它是病毒家族中，专门攻击细菌的成员。噬菌体的外观很奇特，有一个大大的头部，里面装有最重要的携带遗传信息的DNA。

植物的进化系统树

　　植物的进化是按照由简单到复杂、从水生到陆生的方向进行的。在原始海洋中，原始单细胞绿藻经过漫长的时间，逐渐进化为多细胞藻类。后来，随着陆地的出现，一部分绿藻便进化为苔藓植物和蕨类植物，来适应陆地环境。之后，由于陆地气候干燥，蕨类植物又进化为裸子植物，用种子繁殖后代，完全摆脱了对水的依赖。又经过一段时间，一些裸子植物逐渐进化为被子植物。如今，被子植物成了今天植物界的主角。

植物的进化过程，可以用这样一棵有很多树杈的大树形象地表示，我们叫它**植物进化系统树**。

被子植物

裸子植物

蕨类植物

苔藓植物

藻类植物

藻类植物是植物界的元老，它们没有根、茎、叶的分化，大多是**单细胞植物**，一个细胞就包揽了所有的工作。

17

植物中的元老——藻类植物

在地球上，藻类家族庞大，遍布世界各地，种类多达3万种左右。大部分海洋植物属于微小的藻类，它们生活在海面附近。较大的藻类生活在沿海水域和海滨。褐藻和大部分的绿色海藻需要直射的阳光，因此生活在浅海。

绿藻

在地球上，绿藻分布广泛，数量和种类众多。绿藻多见于淡水中，常附着在沉入水底的物体上，或漂浮在死水的表面。从外表上看，绿藻门的植物一般为嫩嫩的草绿色，含有色素的比例与种子植物和其他高等植物相似。

紫菜属于红藻门，它的营养丰富，含有多种对人类有用的"宝贝"，其中含量最高的碘，可用于治疗因缺碘引起的甲状腺肿大。此外，紫菜里还有称为"多糖"的成分，它具有明显增强细胞免疫的功能，能提高机体的免疫力。

红藻

　　藻类植物的另一大门类是红藻。红藻植物种类多、数量大，是海洋藻类植物的主要组成部分。它们绝大多数由多细胞组成，也有少数品种为单细胞体。红藻多为丝状体或叶状体，有的只有几厘米长，有的却能长到数十厘米长。

红藻

　　褐藻的进化程度比较高，在藻类植物中属于形态构造分化最高级的一类了。在褐藻的细胞内有许多色素，因此它们有的呈现黄褐色，有的为深褐色，裙带菜和海带属于我们常见的褐藻。

靠孢子繁殖的苔藓植物

　　苔藓植物既不能开花，也没有种子，在植物的进化进程中，代表着从水生逐渐过渡到陆生的类型。苔藓植物的足迹遍布世界各地，不论在寒冷的极地，还是在阳光充足的热带，都可以看见它的身影。在潮湿的环境中，苔藓植物生长得最为繁茂。苔藓植物都是小个子，没有真正的根，只有用于抓附、对植株上部起到支撑作用的假根。尽管苔藓植物的叶片仅仅由一层细胞组成，但是它也和其他植物一样，通常靠光合作用合成生长所需的养分。

葫芦藓是很常见的一种苔藓植物，个子不高，只有两三厘米，喜欢潮湿的环境。葫芦藓已经有了茎和叶的分化，它的叶在茎的中上部，又小又薄，没有叶脉，形状多为卵形或舌形。

地钱

地钱是一种苔藓植物，对水分有很大的依赖性，因此大多生长在潮湿的墙角或小溪边。它们整体呈叶片状，长不高，常常匍匐在地面上，连成一大片。地钱虽然是植物，但它雌雄异株，要相互帮助才能结出可种植的种子。繁殖种子时，雌雄地钱都会长出高高的生殖托，这些生殖托茎柄纤细，犹如开出的花朵一般。雌生殖托内有卵细胞，这些卵细胞可以发育成孢子体，孢子体会长成一株新的植物。

雌生殖托芒线：呈裂瓣状，犹如手指。

雄生殖托：雄生殖托呈盾状，上面有许多精子器腔，每腔内有一个精子器，精子器为卵圆形。

雌生殖托颈卵器

雌生殖托蒴苞

种类繁多的蕨类植物

蕨类植物是高等植物中比较原始的一大类，也是最早的陆生植物。与苔藓植物相比，蕨类植物要更高一级，因为它完全具有了根、茎和叶。这些器官的产生，不仅让蕨类植物能够更好地适应外界的环境，并且对其长成高高大大的植物体有着重要的意义。蕨类植物喜欢潮湿温暖的环境，大多都生长在树林里，也有一些生长在湿地或水中。湿暗的森林、岩地的裂缝、泥塘和沼泽等地方，我们都能看到蕨类植物的身影。

孢子囊生长在叶片背面，开始时长在卷起的叶面边缘，成熟后会突然绽开，释放大量的孢子。

叶片：背面有孢子囊群。

孢子囊的结构

囊群盖

环带

孢子囊

叶柄：叶柄纤细、柔软。

根状茎：既能吸收土壤里的水分，又具有固定作用。

蕨类植物的多种用途

　　蕨类植物的用途有很多，其中许多种类可以用作药材，还有一些作为蔬菜食用，另有一些是淀粉植物。最普遍被利用的首推蕨菜的地下根状茎，利用蕨根内的淀粉可以制造出各种食品。另外，蕨类植物的枝叶翠绿，姿态美观，可以美化庭院，所以蕨类植物也成为室内装饰的重要盆景之一。

　　地球上的优质煤基本上是由石炭纪大型**蕨类植物**形成的。这些蕨类植物中的绝大多数已在中生代前灭绝。

远古时代的鳞木类植物

鳞木类植物是古代最有代表性的树木之一，它们最早出现于石炭纪时期，与许多热带植物共同生活在热带沼泽地区，形成森林。鳞木类植物是石炭纪时期重要的形成煤的原始物料，也是古代食草动物的主要食物之一。

鳞木类植物通常树干粗直，高度可以长到38米以上，茎部直径可达2米。枝条多有分枝，形成宽广的树冠，长度可达到半米。当叶子脱落后，在其表面会留下排列规则的鳞状叶座。

根座是树干基部类似根的器官，具有很厚的皮层。

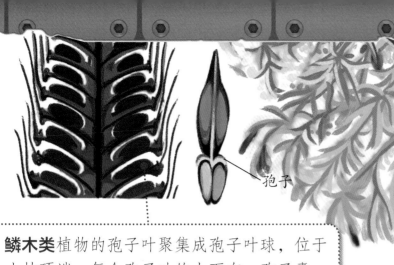

孢子

鳞木类植物的孢子叶聚集成孢子叶球，位于小枝顶端。每个孢子叶的上面有一孢子囊，有大小孢子囊之分，小孢子囊内含有很多小孢子；大孢子囊通常含8~16个大孢子。

叶子：叶子分为几个叶片。

树皮：树皮上有规则的纹路。

种子的各种传播方式

　　从远古时代起，植物为了传播种子，就"想出"了各种各样的传播方式。有些种子长出令人不可思议的细倒钩，以勾住从它身边经过的动物。还有相当一部分种子长出一种称为油质体的小东西，诱使蚂蚁将它们挪出几米的距离；其他种子要么表面粗糙，要么轻飘飘的，可以借助风或水向不同地方飘散。

裸露种子的裸子植物

从植物学的角度来说，裸子植物的种子是由胚珠发育而成的，胚珠没有心皮的包裹而裸露在外面，所以它们被称为裸子植物。松树就是典型的裸子植物。在北半球的寒温带和亚热带，由于气候很适合裸子植物的生长，所以大量的裸子植物选择在这里安家，形成了茂密的森林。

植物学家们认为，**裸子植物**的出现标志着植物进化史又向前迈出了一大步。若拿它们与蕨类植物做比较，就会有一些有意思的**发现**：

一是**裸子植物**具有了次生生长。所谓次生生长是指植物的根和茎的加粗，使得大部分的裸子植物成长为参天大树，越来越适应陆地环境。

二是出现了**花粉管**。花粉管是裸子植物出现之后才有的一种结构，它会通过颈卵器深入到卵的附近，使精子与卵成为近邻。这样一来，植物的受精摆脱了对水的依赖，进一步适应了陆地环境。

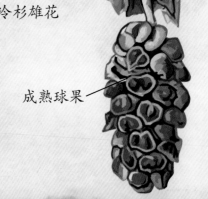

冷杉雄花

成熟球果

冷杉雌花

树皮：树皮裂开之后，会以鳞片状的小块脱落。

种鳞

苞鳞

翅

种子

叶子：冷杉的叶子直接长在小树枝上，没有叶柄，中央的脉络清晰明显，有时会形成一个凹槽。

枝条：枝条相对比较纤细。

成熟球果：果实长约6~11厘米，表面有少许白色的粉末。

三是出现了新的器官——**种子**。种子的形成使幼小的孢子体得到母体的保护，并得到了更充足的营养，为植物的种族延续提供了保障。可千万别小瞧这一切，这可是植物进化过程中的一次重大革命。种子植物也正是靠这一革命打败了蕨类植物，成为植物界的新霸主。

植物中的活化石

　　大家可能想象不到，冷杉早在白垩纪就出现在地球上，它们不怕冷，不怕阴暗潮湿，经过了几亿年的演变，至今还在繁衍，冷杉是植物世界中当之无愧的活化石。

种类丰富的被子植物

大约1亿年前，裸子植物由盛转衰，被子植物得到发展，成为地球上分布最广、种类最多的植物。目前，被人类所知的被子植物共有30多万种，它们占据了植物界的半壁江山。

被子植物的家族成员众多，这与它们内部结构的复杂、完善是分不开的。根、茎、叶、花、果实、种子，这些器官的精密合作，让被子植物拥有了极强的适应能力，从而能在千变万化的自然环境中展现出蓬勃生机。被子植物的出现和发展，不仅大大改变了植物界的面貌，而且促进了以被子植物为食的昆虫和相关哺乳类动物的发展，使整个生物界发生了巨大的变化。

栗子树可以长到20米高，树冠大大的。夏天，栗子树会开出雌雄两种不同的花朵，入秋后，就能结出一个个布满尖刺的栗蓬。这些栗蓬的肚子鼓鼓的，里面大概有2~3枚果实，这些果实经过翻炒，就成为我们平时见到的香味四溢的栗子。

果实：呈暗棕色，大多富有光泽。

外壳：果实的外壳布满许多尖刺。

叶片狭长，有时可达22厘米，它的边缘上有细密的锯齿，叶子上的脉络也很清晰。

被子植物的形态

　　被子植物的形态多种多样。有世界上最高大的乔木——杏仁桉，高达156米；也有非常小的草本植物——无根萍，每平方米水面可容纳约300万个个体。有寿命长达上千年的龙血树；也有几周内开花结籽完成生命周期的短命植物，比如一些生长在干旱荒漠地区的十字花科植物。有水生植物，也有在各种陆地环境中生长的植物。有自养植物，也有寄生的植物，还有食虫的植物。在植物进化史上，被子植物出现后，大地才变得郁郁葱葱，绚丽多彩，生机盎然。

无根萍

　　筛管存在于**树皮**中，负责运输光合作用产物和多种有机物，所以如果一棵树的树皮被大面积破坏，植物的根部就会因缺乏足够的养料而死去。

29

被子植物的一生

被子植物属于种子植物，是由根、茎、叶、花朵、果实、种子所组成，一生需经历生根发芽、生长发育、开花授粉、结果、衰老和死亡。被子植物的生长发育始于种子萌发。一颗完整的玉米种子由种皮、胚和胚乳组成。种皮是种子的外衣，保护着种子。不同植物的种子，种皮也不同。松柏类和瓜果类的种子，种皮厚而坚硬；而小麦、玉米、水稻种子的种皮和果皮分不开。我们一起来看一看玉米的种子吧！

玉米种子的纵切面

种皮

胚乳中含有大量的淀粉、脂肪和蛋白质等，提供给种子发芽时最初的营养物质。我们食用的粮食主要来自这个部分。

胚是组成种子的最重要的部分，将来会发育成新的植物体。

对作物进行催芽

催芽能缩短作物的发育期，避免因遇到自然条件发生变化而引起的产量减少。催芽的方式有三种：①浸种催芽，是指用清水或各种溶液浸泡种子，必须掌握好浸种温度和浸种时间；②药剂催芽，是指用一种药剂或多种药剂混合在一起，对种子进行喷洒；③沙床催芽，将种子均匀撒在苗床上，然后用新鲜河沙覆盖，并保持其湿润。

沙床催芽

浸种催芽

药剂催芽

玉米茎粗壮，有明显分节，每节有髓且多汁，能储存养分。

玉米根系发达，有抗风支柱根，能牢牢抓住土壤，耐旱。

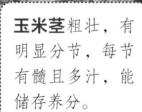

地下结果实的秘密

　　花生和大多植物一样在地上开花，等到结果的时候，它却把果实埋进土里。这个癖好可真让人摸不着头脑。原来，花生的花单生或簇生于叶腋，单生在分枝顶端的花是不孕花，只开花，不结果。而生于分枝下端的花，可以结果，是可孕花。当可孕花经过花粉受精后，子房基部开始伸长，形成顶端坚硬的子房柄，子房柄先向上长，几天后，再下垂于地面，将子房推入土中，并在土中结果，这就是花生地上开花，地下结果的秘密。

你可能不知道

花生可以榨成花生油，也能做成各种食品。花生种子的红色外衣含有止血素，对伤口愈合和治疗贫血很有好处。

单生在分枝顶端的花是**不孕花**，只开花，不结果。

生长于分枝下端的花是**可孕花**。

可孕花受精后，**子房基部**开始伸长，形成坚硬的子房柄。

子房柄先向上生长，几天后，子房柄向下垂直于地面，将子房推入土中，在土中结成果实。

与芽一起生长的根

种子开始萌发时，植物胚胎下部的胚根发育成幼根，突破种皮，向地下垂直生长，逐渐发育成植物的主根，主根内部长出许多侧根。侧根多次分支，形成整个植物的根系。

根毛区的根毛可以吸收水分，还会分泌有机酸，使土壤中的矿物质溶解，便于植物吸收。

胚根一般先突破种皮，与地面垂直向下生长，发育成幼苗的主根。

当主根生长到一定程度时，从其内部长出许多支根，称为**侧根**。

子叶为幼胚的叶，位于胚的上端。

随着植物不断生长，**根系**越来越发达，为植物提供源源不断的养分。

根毛区（成熟区）

伸长区

分生区

根冠

伸长区里的细胞可伸长至原来细胞大小的几十倍，推动根不断深入土层。

植物的根深埋在地下，将植物固定在土壤中。根吸收土壤中的水分和养分，将植物生长所需的养分输送到茎、叶（地上部分）。植物的根一般有根冠、分生区、伸长区和根毛区4个部分。

分生区的细胞不断分裂，细胞数目不断增加，使根越长越长，如果它们受到破坏，根就停止生长。

根冠位于根的顶端，由许多薄壁细胞组成，它对分生区有保护作用。

树木的根

树木的根系十分庞大，深深地钻入地下，向四面八方延伸。庞大复杂的地下根系，让大树即使遭到狂风的摧残也很难倒下。根不断吸收养分，也让大树长得更加高大挺拔。

斜着插入土中的根

板状根是不定根，是热带木本植物特有的。它从树干的基部长出，斜着插入土中，稳固地支撑着树干。在热带地区，雨量充足，温度高，植物长得又高又大，必须有强壮有力的根系作基础，于是形成了板状根。在我国南部和西南部生长的人面子和四数木等都有巨大的板状根。

板状根

根木质部中的导管能将根吸收的水分和无机盐输送到叶、花和果实中。

根和树木的茎、叶是相通的，它们之间有很多条运输通道，分别是导管和筛管。

韧皮部的筛管能将叶子制造的养分输送到根部。

真是不可思议

根不一定都长在地下，若从茎部长出，通过一段距离才着地，或一直悬在空中，则称为气根，比如榕树的气根等。

叶子上长出的根

植物的枝叶上也能长出根来。根据长出部位的不同，根可分为主根、侧根、不定根。不定根不是从主根或侧根上长出，而是从茎和叶上长出的根。

树木的根会深深扎在土里，为了吸收水分和无机盐。

长得像胡须一样的根

　　植物的根系有直根系和须根系两类。直根系由明显而发达的主根、分布于主根周围的侧根和各级细根组成，一般分布到土壤深处。属于直根系的植物主要是棉花、大豆等绝大多数双子叶植物和一般裸子植物。须根系由胚轴和茎基部的节上长出的不定根组成。须根系植物的主根在发芽不久之后就会停止生长或者已经死亡，导致大量不定根生成，才出现像乱蓬蓬的胡须一样的须根系。属于须根系的植物主要是小麦、玉米、水稻等。

真是不可思议

　　植物的地下部分往往比它的地上部分更繁茂，比如一棵生长27年的苹果树，它的根系的庞大程度超过其树冠的2~3倍。

不定根是从植物的**茎**或叶上长出的**根**。

根的作用

　　除了起到支撑作用外，根还有运输的作用。土壤中的落叶、枯枝残根、动物的粪便和尸体等经过微生物的分解，变成了植物生长所需的各种养分，根负责把这些养分从土壤中传送到茎、叶等各个部分，这样植物才能茁壮成长。

须根系由胚轴和茎下部的节上长出的不定根组成，整个根系外形呈须状。

直根系由主根及其各级侧根组成，主根发达，与侧根有明显区别，一般伸入到土壤深处。

红薯藤蔓平卧地面，叶片通常为宽卵形。

红薯的贮藏根

红薯的根富含淀粉等物质，是常见的食物。红薯的根是贮藏根，是植物最常见的变态根之一，由侧根和不定根膨大形成，贮藏着红薯的养分。

红薯含有哪些营养？

红薯富含蛋白质、淀粉、果胶、纤维素、氨基酸、维生素及多种矿物质，有"长寿食品"之誉。红薯还有抗癌、保护心脏、预防肺气肿、减肥等功效。

你可能不知道

除了可以食用，很多植物的贮藏根都可以作为中药，如何首乌、人参等，都是重要的中药材。

一株红薯可以长出多个**块根**。

红薯的**外皮**为土黄色或紫红色。

红薯的块根形状不规则，多为纺锤形。

萝卜和胡萝卜的根

　　藏在地下又为人们熟悉的根莫过于贮藏根了，这种根主要为了贮藏养分。比如红薯的根，是由侧根或不定根膨大形成的，味道跟果实一样，甜甜的。有的贮藏根的形状又扁又圆，或像个纺锤，如萝卜的根；有的根呈圆锥形，如胡萝卜的根，它们都是由主根膨大发育形成的肉质根，咬起来很脆。

胡萝卜生长发育的过程

　　胡萝卜生长发育的过程可分为两个时期：营养生长期和生殖生长期。一般来说，第一年为营养生长期，在这个时期胡萝卜发芽、长叶，形成肥大的肉质根，经过整个冬天的贮藏休眠，第二年进入生殖生长期，胡萝卜渐渐开花并结果。

胡萝卜中含有大量的**胡萝卜素**。如果将胡萝卜素从胡萝卜里提取出来，你会看到它是一种红色的、漂亮的结晶体，并且带有香味。胡萝卜素是一种常见的有机色素，在多数花朵、果实中经常见到。

埋在土里的**胡萝卜**呈圆锥形。

萝卜的根是贮藏根，里面储存了很多的营养和水分，所以会显得特别肥大。

43

筛管

导管

厚角组织

茎的功能很强大，它不但可以支撑植物的身体，使其"屹立不倒"，还可以将从根部吸收的水分和养料运送到植物的各个部位。那么重的树冠，茎怎么能撑得住？原来，它的内部有很多机械组织。什么是机械组织呢？这个名字听起来就很有力量。机械组织可分为厚角组织、石细胞和纤维。

生长点

植物的**茎**与**根**和**叶**是**相通**的，这里有很多条运输管道，每条运输管道都有各自负责的任务。这种运输水分和各种养分的组织叫输导组织，根据运输物质的不同可分为导管和筛管两类。

初生韧皮部

初生木质部

厚角组织

表皮

表皮包在茎的外面，具有保护作用，表皮细胞是活细胞，一般不含叶绿体。

薄壁组织

维管束

双子叶植物茎的初生结构由表皮、皮层、中柱(维管柱)三部分构成。表皮是幼茎最外面一层细胞，细胞外壁有角质层，表皮上有气孔分布，并常有表皮毛等附属物的分化。皮层位于表皮与维管柱之间，由多层细胞构成，有多种组织，其中以薄壁组织为主。在靠近表皮的内侧，常有厚角组织呈环状或块状分布。

茎的顶端没有强大的保护措施，只有一层薄薄的表皮。这个地方的分生组织能不断地进行细胞分裂，因此茎会不断延长。

分生组织分化为原始表皮、原始形成层和基本分生组织。它们各自都有细胞分裂的能力，继续分化为表层、皮层、维管束、髓和髓射线。

茎内木质部中的导管负责将根部吸收的水分和无机盐输送到叶子、花和果实中；而韧皮部的筛管负责将叶子制造的养分运送到根部及其他部分。

髓位于茎的中心。髓射线一方面内连髓部，外连皮层，负责横向运输；另一方面与髓部及其他部分的薄壁组织共同成为茎的贮藏组织。

髓

髓射线

不同花纹的导管

　　导管的细胞壁有很多不同的花纹，可分为梯纹导管、环纹导管、网纹导管、螺纹导管、孔纹导管。不过，同样负责运输的筛管可没有那么多类型的花纹。

　　导管里的水分自下往上运输。这神奇的过程是如何实现的呢？原来，植物体内的导管里面空空的，水分在导管中移动没有阻力。植物在进行蒸腾作用时，它引水上升的张力可达50~100个大气压，也就是说导管有很大的力气牵引水分子上升，很厉害吧！

孔纹导管

螺纹导管

环纹导管

模样奇怪的茎

大多数植物的茎都是直立的，但也有个别植物茎的模样发生了变化，因为它们有特殊的功能。其中有一种叫鳞茎，植物的鳞茎是一种扁平或圆盘状的地下茎，茎上生长着许多肉质肥厚的鳞片。郁金香和百合就有长在地下的鳞茎，这些鳞茎可以储藏很多水分。而我们平常所吃的洋葱也是鳞茎。将洋葱纵向切开，可以看到鳞茎盘上长着许多肉质鳞片，包围在顶芽的四周。

洋葱可是个好东西！

洋葱能分泌一种可挥发的物质，能杀死很多致病细菌，甚至还能杀死一些小动物呢。把洋葱放进嘴里嚼3分钟，能把口腔中的细菌消灭得干干净净。所以，经常吃一些洋葱，对健康十分有益。

薄而紧实、多糖多水的鳞片可以保护它在一年内不会因干渴而死，等到第二年春天又可以发芽了。

洋葱的根是弦状须根，生长在茎的基部，根系较弱，无根毛，根系主要密集分布在20厘米深的表土层中。

百合夏季开花，花有香气，呈喇叭形。

洋葱的叶呈管状直立生长，叶表面有较厚的蜡粉，能抗旱。

郁金香的球形鳞茎为地下变态茎的一种，非常短，呈盘状，其上着生肥厚多肉的鳞叶，里面贮藏极为丰富的营养物质和水分。

百合鳞茎近球形，直径约5厘米，由多层肉质肥厚、卵匙形的鳞片聚合而成。

47

生长在地下的茎

　　有些植物的茎生长在地下，比如山药，它的地下茎是茎和根的中间过渡状态，由主茎向地方向的先端膨大而形成，山药表面长有许多不定根，有的山药下部还长有主根。再比如马铃薯，也叫土豆，它不是植物的果实，而是由地下茎逐渐膨大形成的。马铃薯圆滚滚的身材贮藏着很多淀粉，它既能做菜又能当主食，是我们十分喜爱的食物。

真是不可思议

　　把山药块茎的任何部分切段栽植，都可以长出山药。山药的药用部位为地下茎。

花朵呈白色。

叶片对生，叶腋间有株芽。

茎通常呈紫红色。

白色根长有许多须根。

山药

块茎呈长圆柱形，垂直生长，最长可达1米多。

为什么马铃薯表皮发绿就不能吃了？

马铃薯表皮发绿或发芽时，在芽附近的表皮会产生一种有毒的物质——龙葵素，人吃了少量的龙葵素就会头晕、呕吐；吃得太多，会导致呼吸困难、心脏衰竭，甚至会有生命危险。

土豆夏季开花，花呈白色或淡紫色。

土豆的**圆球状块茎**表皮光滑，颜色为黄色或紫褐色。

块茎上分布许多凹陷的芽眼，可以繁殖成新苗。

49

竹子长高的秘密

春雨过后，嫩嫩的竹笋破土而出，它们从泥土中冒出来，从石头缝中钻出来，竹笋飞快地生长，一天可以长高好几厘米呢，几个月工夫，就能长成一片竹林。

竹子为什么能长得这么快呢？竹子与树的生长方式不同。树只靠茎的顶端生长，而竹子是茎的顶端和茎上的每个节间一起生长，但竹子一旦长成就不再长高了。

竹子开花

竹子的寿命很长，有的甚至能活六七十年。有些竹子一旦开花结果，便很快死去。有些种类一生可多次开花，开花结果是它生命的高潮，也是它生命的终点。竹子开花有时是环境影响造成的，如果土壤中的养分不够，竹子生长过密或天气干旱，竹子就会开花，紧接着就会死亡。如果大片竹林的竹子开花，这将直接威胁到生活在那里的大熊猫的生命。

世界上最高的竹子是中国的**巨龙竹**，生长在云南的南部至西南部，它的高度超过30米。最大的**毛竹**高22米，靠近地面的竹围粗71厘米。

空心竹

　　人们常说空心竹，竹子的中心是空的，只有节的地方是实心的。空心竹既可以减少自身对养分的消耗，又可以获得足够大的支撑力，使高大的竹子直立，并且不容易折断或倾倒。如果你不相信，将一张纸卷成筒状，再用胶带把边缘粘好，立着放在桌上，然后在纸筒的上面压一本书，你会发现竖着放的纸筒能把书支撑住。你知道吗？竹子的茎最开始也是实心的，它是在长期进化中，为了更好地生存，才渐渐变成空心的。

竹子长高后，**节**和**节**之间的空腔变长了。

竹子的幼芽叫**竹笋**，竹笋是由竹子地下的根状茎生长出来的。竹笋长在地下，那怎样区别它是根状茎还是根呢？其实这很容易：根状茎上有退化的鳞状叶，还可以明显看出节和腋芽，节上有不定根，腋芽也可长出不定根；而根只是像胡须一样。

藏在泥中的藕

　　莲又称荷花，是生长在水中的植物。它的地下茎称为莲藕，长在水下的淤泥里。莲藕中贮藏着很多养分，折断后有丝相连；中间有一些管状的小孔，贮藏的是空气。莲藕有很多节，花梗和叶梗就是从节处长出来的。藕微甜，脆脆的，可生吃也可做成美味的菜肴，有很高的营养价值呢！

大大小小的藕孔

　　把莲藕切开，我们会发现断面上有许多孔，这些孔是做什么的呢？其实，植物大小、形状、结构等都是在长期进化中因生存需要而不断演化形成的。植物的生长离不开阳光、水和空气，而藕生长在池塘底的淤泥里，泥里的空气很少。为了能够正常生长，莲就通过水面上的叶和叶梗上的气孔为地下的藕补充空气，如果莲叶被折断或者藕上的孔被堵住，过不了几天，莲就枯萎了。所以藕孔是空气进出的通道。

　　藕丝不仅存在于藕内，在梗、莲蓬中都有，不过藕内的藕丝更纤细些。如果你采来一根莲梗，尽可能把它折成一段一段的，提起来就像一长串连接着的小绿"灯笼"，连接这些小绿"灯笼"的便是这些细丝。这些细丝看上去是一根，如果放在显微镜下观察，你会发现其实是由3~8根更细的丝组成，就像一条由无数棉纤维组成的棉纱一样。

叶梗

亭亭玉立的莲

　　莲喜欢生活在水中，圆圆的叶子挺出水面，叶梗长长的，摸上去很扎手。莲开着粉色、红色或白色的花，它的花单生于花梗顶端，漂亮极了！

　　莲花的雄蕊很多，而雌蕊则埋藏于倒圆锥状的海绵质花托内，花托表面有好多小孔，就像蜂窝一样，雌蕊受精后会逐渐膨大，成为莲蓬。每一个小孔洞里会长出一个小坚果，那就是莲子。

　　人们通常买回藕以后，都会把藕节切除。其实，有很多根须的藕节也是好东西，它可以止血。

莲花

莲叶

花梗

莲藕

须根发达的布袋莲

布袋莲也被称为凤眼莲，是一种分布广泛的漂浮性水生植物。布袋莲长长的根生长在水下，根的上部有肿大如球状的叶柄，像一个鼓鼓的布袋似的小气球，叶柄中有密密麻麻的气室，因此布袋莲可以漂浮在水面。布袋莲的须根十分发达，生长速度也非常快，如果疏于管理，它们会成为阻塞河道交通的大祸患。

花朵：布袋莲一般有6片花瓣，其中一片花瓣的中心有一个黄色的叶状斑点，斑点周围呈深紫色，越往边缘颜色越浅，这也是它被称为凤眼莲的原因。

基部浮囊的剖面

根系：布袋莲的根系十分发达，呈棕黑色，茎秆短，呈绿色。

别具风味的蔬菜

布袋莲的叶子和叶柄可以炒熟食用，是一种味道清爽的蔬菜，它不仅通便润肠，还能清热解暑、消肿祛湿，马来西亚人民常将布袋莲搬上餐桌。

布袋莲盛开时非常美丽，它不像其他莲花那样大而繁复，而是堆在一起，形成小巧的一簇簇的花团。

叶片：叶片从基部生长，呈圆形，顶端微尖。

叶柄：布袋莲因叶柄基部长有膨大的浮囊，形状近似弥勒佛的肚子而得名。

检测水质

布袋莲非常敏感，能检测到水中是否有砷存在，还能吸收水中的铅、汞等有害物质，用布袋莲净化工业废水是一种常见的、廉价的净化方式。不过布袋莲虽然可以净化水源，但也会过多吸收水中的营养，导致其他水生植物和鱼类营养不良甚至死亡，所以培育布袋莲时一定要计划好数量，一旦生长过多就要立刻移除。

钻进叶片里

钻进树林，满眼碧绿，你会发现各种形状的叶子；那如果钻进叶片里，又会是什么样儿呢？叶子里面一层一层的，就像楼梯一样，不过有的高，有的矮，上面像铺了有花纹的板砖。我们来仔细瞧一瞧吧。

圆柱形细胞里有很多绿色的小颗粒——叶绿体，这就是栅栏组织。在栅栏组织和下表皮之间还有一部分形状不规则的细胞，它们排列疏松，间隙大，这部分细胞里的叶绿体比较少，称为海绵组织。

大部分的叶子摸上去毛茸茸的，因为表皮有毛。带毛的表皮能减少植物体内的水分蒸腾，同时还能保护表皮。上表皮之下有一部分圆柱形细胞，它们整齐紧密地排列着，像栅栏一样。

上表皮

栅栏组织

气孔

海绵组织

下表皮

叶脉

根外施肥

　　植物的叶片除了能进行光合作用、蒸腾作用以外，还能吸收肥料呢。有一种施肥方式称为根外施肥，指的就是向叶面喷洒一定浓度的肥料。有的时候，植物因缺少某种元素生病了，利用根外施肥就能对症下药。不过，叶片能吸收的肥料是有限的，千万不能因为根外施肥而忽视对植物根部自身的施肥哟！

叶形和叶脉

　　叶子的形状有很多，如圆形、卵形、剑形、针形等。

　　不同植物的叶子上面有不同的脉络，有的像网，如双子叶植物的叶脉，具体又可分为羽状脉序和掌状脉序；有的相互平行，称平行脉序，是绝大多数单子叶植物的叶脉特征，具体又可分为直出脉、侧出脉、射出脉和弧形脉。

光合作用

我们每天都需要吸入大量空气中的氧气，呼出二氧化碳。你一定很担心，如果有一天，空气中的氧气被吸光怎么办呢？不用担心！地球上有那么多植物，植物的每片叶子都是一个"绿色工厂"呢！让我们参观一下这些"绿色工厂"吧！

在**阳光的作用下**，植物的叶片不间断地把空气中的二氧化碳转化成氧气，这个过程就叫作**光合作用**。

叶片上一个个的**气孔**是"绿色工厂"的大门，"原料"和"产品"通过这里输送；气孔与植物的光合作用和蒸腾作用密切相关。气孔下陷或气孔分布在气孔窝内时，是对减少水分蒸腾的适应。

表皮细胞构成了并不怎么坚固的围墙；在栅栏组织和海绵组织这两个车间里，有数不清的高效运转的机器——**叶绿体**，而在叶绿体中，还有一个重要的零件——**叶绿素**。

光合作用包含两个阶段，第一个阶段被称为光反应。在这个阶段，接收到的光导致叶绿素释放电子，水分解并释放出氧气和氢离子(H^+)。第二阶段被称为暗反应，是利用光反应的生成物进行碳的同化作用，使二氧化碳气体还原为糖。

气孔

栅栏组织

海绵组织

叶绿体

光合作用的公式：

$$水 + 二氧化碳 \xrightarrow[\text{叶绿素}]{\text{光}} 有机物 + 氧气$$

蒸腾作用是植物的根吸水的动力之一。因为水分的蒸发导致植物体缺水产生拉力，同时，植物根系利用根压，将土壤里的水分和溶解在水中的无机盐类，运送到植物的各个部位。

叶片进行蒸腾作用。

蒸腾作用能降低植物叶片的温度，防止叶片被强烈的阳光灼伤。

茎运输水分。

根吸收水分。

仙人掌的叶子

　　仙人掌的叶子在哪里？难道仙人掌没有叶子？原来，仙人掌浑身的刺就是它的叶子。仙人掌的老家在沙漠，那里生存条件恶劣，干旱少雨，普通植物的叶子每天蒸发的水分很多，干旱的环境又不能提供足够的水分，所以普通植物很难在沙漠中生存。但仙人掌却不同，它可是个抗旱能手，为了适应干旱环境，仙人掌的叶子变得像刺一样，从而减少水分的散失。

叶子： 仙人掌的刺可以保护仙人掌，以免它被食草动物吃掉。

花： 仙人掌的花样式繁多，颜色各异，有漏斗状、喇叭状，还有杯状等，这些花白的胜雪，红的夺目，粉的娇媚，看起来非常迷人。

茎： 仙人掌茎里含有丰富的水分，而且它的表面还有一层蜡质，可以有效防止水分蒸发。

刺座：仙人掌的刺座或扁或圆，是仙人掌的主要组成部分。刺座是高度变态的短缩枝，表面上看它是一个垫状结构。刺座里有一种特殊的黏液，可以锁住仙人掌的水分。

可食用的果实

市场上仙人掌的果实比较少见，它们大致可以分为圆润饱满的浆果和干瘪的干果两大类，一些果实是可以食用的，它们不仅味道鲜美，还有利尿等作用。

会开花的仙人掌

仙人掌生活在气候又干又热的沙漠中，那里白天气温高，水的蒸发量大，到了晚上气温较低，水分蒸发量少时，仙人掌才能取得足够的水分完成开花的过程。

仙人掌开花几个小时后，就逐渐凋谢，这是由于开花时全部花瓣都张开，容易散失水分，而仙人掌短时间内很难补充水分，所以不能长时间维持花瓣的开放。

害羞的含羞草

含羞草好"腼腆"哦！只要用手轻轻地触碰它的叶子，含羞草就会把自己的叶片闭合起来，显得十分"害羞"，所以人们给了它含羞草这个名字。含羞草的形状犹如一片羽毛，平时四散展开，为什么它一受到碰触，就会合拢起来呢？原来，含羞草的细胞里有一种特殊的蛋白质，当它受到触碰时，这种蛋白质的排列顺序就会发生变化，导致叶片发生了闭合的行为。

天气预测员

含羞草对天气的变化十分敏感，如果用手触摸它，叶子很快闭合，而张开却很缓慢，这说明天气会很晴朗；若它的叶子收拢缓慢或一闭合很快就会重新张开，这说明天气要转为阴天或者快要下雨了。因此，人们常常将含羞草比作天气预测员。

含羞草原产于美洲，生长在旷野荒地、灌木丛中，喜温暖湿润、阳光充足的环境，适种于排水良好，富含有机质的砂质土壤。

小叶: 含羞草的叶子相对较小。

"爱生气"的含羞草

如果人们接连不断地逗弄含羞草就会发现,它一开始还保持着闭合张开的状态,可后来干脆闭合身体垂下头,一动不动了。其实,这并不是因为含羞草在生气,而是因为它们身体中的蛋白质流失得太快,不能得到及时补充,所以就无法尽快抬起头。

芽

托叶: 呈披针状,对热和光会产生反应。

花

叶枕: 叶枕基部是叶子和叶柄连接处的膨胀部分。只要轻轻一碰,叶子或叶柄就会垂拢下来。

运动细胞内的液体在被碰触时会把水分排掉。

叶柄: 可以给叶片输送营养。

主茎: 含羞草的主茎呈圆柱状,普遍可以长到1米。

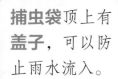
捕虫袋顶上有盖子，可以防止雨水流入。

吃"肉"的叶子

捕蝇草属于食虫植物，因其有捕食和消化昆虫的能力而得名。捕蝇草的捕虫结构位于叶片的顶端，是叶片的变形，它与叶片的主叶脉相连。其实捕蝇草和大多数植物一样，可以进行光合作用，利用阳光制造养分。它之所以要捕食昆虫，是因为它生长的土壤中多缺乏氮与磷等生长必需的营养，吞食昆虫可以使它们更好地适应环境。

猪笼草的捕虫陷阱和捕蝇草不一样。它的叶片末端会形成卷须，这些卷须可以帮助叶片攀爬到高处，而且卷须顶端会逐渐膨大，形成捕虫袋。捕虫袋不像捕蝇草的陷阱那样能自动开合，而是悬吊在叶片末端，固定不动，等待昆虫上钩。

捕蝇草捕捉昆虫的过程

64

捕蝇草的开花时期为初夏到盛夏，初期的时候会长出花茎，每个花茎拥有大概5~10个花苞，属于标准的伞房花序，每日依序开出白色的花朵。花的雄蕊约有十多根，中央会有一根雌蕊，拥有分叉状的柱头。

探测绒毛：这些绒毛可以敏感地探知昆虫的到来。

侧刺：侧刺是叶子的坚硬边缘，这些叶子拥有厚实的外皮。

叶子的上部：呈肾形，具有沿中缝排列的特殊细胞。

苍蝇的噩梦

捕蝇草的叶片可以分泌吸引苍蝇的蜜汁。当苍蝇受到诱惑接触到捕蝇草的叶子时，它的噩梦也就降临了。因为这会引起植物一系列的生理反应，首先捕蝇草的叶子会迅速收拢，这时苍蝇的逃生概率非常小；接下来，捕蝇草的叶子就会完全闭合，开始对昆虫进行消化。当苍蝇落到捕蝇草上时，叶子迅速收拢所需时间仅为0.2秒。

花

捕蝇草叶面内侧呈现红色，上面覆满许多微小的红点，这些红点就是捕蝇草的消化腺体。

叶子下部的细胞内有大量叶绿素。

圆圆叶片的睡莲

睡莲喜欢阳光，害怕寒冷，太阳落山后，地表温度慢慢下降，这时，睡莲就会合拢自己盛开的花朵，安安静静地进入睡眠状态。第二天太阳升起，天气变暖，睡莲又会迎着阳光，慢慢盛开了。睡莲的样子和莲花相似，都是由层层叠叠的花瓣组成，它们的叶片又圆又大，漂浮在水面上可以连成一片，形成美丽的景观。睡莲的根系很发达，根茎很粗壮，可以抓住周围的大片泥土，吸收更多的营养。

圣洁的莲花

在古埃及的神话故事里，太阳是由莲花绽放而诞生的，因此睡莲被人们视为神圣之花。在中国，睡莲和荷花一样，被认为是"出淤泥而不染"的圣洁花朵。睡莲虽然生长在淤泥中，但它对周围的水质却有净化作用，还可以吸附重金属等有害物质呢。

会关"犯人"的睡莲

睡莲的花朵晚上闭合，第二天早晨又重新开放。有些睡莲会利用花的闭合，把昆虫关在里面，等到第二天的早晨，睡莲打开花朵时，再把可怜的昆虫放出来，来为自己传播花粉。

叶片：睡莲的叶片呈圆形。

花瓣：花瓣的顶部较尖，颜色也较浅。

睡莲的**浮水叶**浮在水面，形状多为圆形或椭圆形，叶子边缘呈波浪状，边缘有锯齿；沉在水下的叶子比较柔弱。

叶脉：睡莲的叶脉很明显，有些品种的叶片带有浅色或褐色的斑点。

睡莲是多年生浮叶型水生草本植物，它的根状茎肥厚，呈直立状或匍匐状。

睡莲的根

花粉的故事

　　花粉是被子植物特有的，被子植物只有经过授粉才能结出种子。要想了解花粉，就要先知道花蕊。花蕊分为雌蕊和雄蕊。雌蕊顶端有乳头状的突起，称为柱头，摸上去黏糊糊的，便于接受花粉；柱头和子房相连，子房内含有胚珠，数量有多有少。根据子房在花托上的位置不同，可分为上位子房、半下位子房和下位子房。雄蕊又细又长，它的上面有花丝，花丝摸上去毛茸茸的，花丝顶端是花药，花粉就藏在花药里面。

　　被子植物特有的双受精过程：花粉一旦落到雌蕊的柱头上就开始萌发，长出长长的花粉管。花粉管的顶端能分泌酶，溶解出一条通道，逐渐伸向子房中的胚珠。胚珠包括珠孔、珠被和胚囊。胚囊内有卵细胞，中央有两个极核。花粉管由珠孔进入胚囊以后，放出两个精子，一个去找卵细胞，结合成为合子，以后发育成胚；另一个去找极核，结合成为胚乳核，以后发育成胚乳。

花药横切面

传粉

胚囊

珠孔

胚囊

极核

珠被

花药通常有4个花粉囊，囊内产生大量花粉，成熟的花粉多呈金灿灿的黄色，有三角形、球形、椭圆形等不同形状。有的花粉表面光滑，有的还有各种各样的花纹呢。

花药

柱头

花柱

花丝

花瓣

子房

花柄

不断伸长的花粉管

花粉管不停地长啊长，一直长到能够挨着子房。不同植物的花粉管到达子房的时间有长有短。水稻只需要1.5～4小时，棉花的花粉管经过8小时就能伸长到达子房，秋水仙的花粉管须经6个月才能到达子房。

花粉不仅能食用，它也是"美容专家"。花粉的美容功效很多，能生发、护发，能消除脸上的痘、斑，而且还有减肥功效。因为花粉中含有丰富的维生素B，能将脂肪转化为能量释放出来，消除多余的脂肪。

神秘的、臭臭的大王花

别以为大自然里姹紫嫣红的花儿全是香气扑鼻，偏偏就有一些花会散发出浓烈的腐臭味儿，大王花就是其中之一。它吸引的可不是蜜蜂和蝴蝶，而是苍蝇和甲虫。大王花生长在热带雨林里，没有茎，没有根，也没有叶子，巨大的花就是它的整个身体了。它和一般的花很不一样，不但发出的味道很熏人，样子还长得很吓人，好像要把你吃掉似的！它寄生在一种像葡萄树一样的藤本植物上，依靠吸取藤本植物的营养而生存。

大王花的臭味诱导喜好这种味道的小昆虫前来为其传播花粉。

大王花有5片又大又厚的像花瓣一样的花被。

花被

窗

凸起

雄花

苞片可以保护花朵的内部组织。

通常一朵雄花约有40枚**花药**，花药上有许多黄色带黏性的花粉。

花药

苞片

漫长的过程，短暂地盛开

　　大王花由形成花芽到开花，大概需要9个月的时间。它的种子寄生在野藤上，从寄主身上吸取生长所需的养分，大约一年半以后，就会形成花芽，往外冒出一个乒乓球大小的凸起。花芽突破寄主的表皮，形成深褐色的苞片。花苞慢慢长成像甘蓝菜般大小，慢慢地分裂出像花瓣一样的花被。花被渐渐向外展开，刚开花的时候会有一点儿香味。别高兴得太早，数小时后就可以看到花蕊了，花蕊散发出的气味简直奇臭无比。

灿烂的花结出腐烂的果实

　　大王花一生只开一次花，花期大约只有4天，然后颜色慢慢变黑，最后变成一堆黏糊糊的黑色物质。好可惜啊！花凋谢后不久果实便成熟了，里头隐藏着许许多多细小的种子，当周围的小动物吃这些种子时，一些种子会落在它们身上。当它们穿梭在野藤植物之间，种子便会自然落到野藤的根或枝干上，过上一段时间，又会开出一朵朵神奇的大王花！

小鳞片 散布在隔膜内部。

大王花 称得上是世界第一大的花朵，最大的花朵直径可达1.4米，重量可达10千克。

小鳞片

凸起

雌花

没有花瓣的稻花

我们吃的大米饭是由水稻的果实加工而成。水稻从发芽、开花到结果，大约需要三四个月的时间。稻种在适当的环境中，约两三天后就会长出幼根、幼芽，再过几天，就长成10厘米左右高的秧苗，这时候就需要插秧了，秧苗再经过抽穗、开花、结果等过程，水稻的一生就结束了。

稻花盛开的季节，我们却很难发现它们的身影。这是因为水稻开花的时间很短，大约只有30～60分钟，我们不容易看到。仔细观察你会发现，稻花没有花瓣，而是由内颖与外颖包裹而成的，所以也叫作"颖花"。   下面就让我们一起来了解一下稻花的秘密吧。

稻花

中脉

让你惊奇的事实

水稻的叶子长而狭窄，小时候和杂草长得很像。但是仔细看，就会发现杂草和水稻的区别——水稻的叶子竟然有"耳朵"和"舌头"。你一定很奇怪，这是为什么呀？不错，水稻的叶片靠叶环与叶鞘相连，叶环的两端会长出一对耳状的东西，叫作叶耳。另外，在叶环内面长出的薄膜就是叶舌。

叶舌

叶环

叶耳

水稻开花的过程：稻花开时，稻颖会对开成两半，雄蕊和雌蕊便从稻颖中探出脑袋来，授粉之后，颖花又会很快地闭合起来。

雌蕊

雄蕊

内外颖开启。

雄蕊伸出。

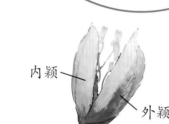

内颖

外颖

雄蕊和雌蕊进行**授粉**。

授粉后稻颖闭合。

稻田里的植物

稻田里不仅生长有水稻，也同时生长着一些杂草，比如稗草、圆叶节节菜等。这些植物会和水稻一起分享稻田里的养分，如果它们长得太多的话，水稻就不会丰收。所以，农民们会定期清理稻田里的杂草，让水稻生长得健康饱满。

香蒲的花是黄绿色的，呈蜡烛状，雌花穗位于下部，雄花穗位于上部。

开出"蜡烛"的香蒲

香蒲生长在湖边、沼泽等地带，有蜡烛状的花柱，被称为"蒲绒"。香蒲的繁殖能力很强，常常成片出现。香蒲喜欢温暖且潮湿的环境，最适宜的生长温度是15～30℃，当气温下降到10℃以下时，香蒲基本上就停止生长了，在冬天，香蒲可以承受最多零下9℃的低温，而当夏天气温升高到35℃以上时，香蒲的生长又会变得缓慢。

"多才多艺"的香蒲

香蒲还是一种野生蔬菜，茎的白嫩部分被称为"蒲菜"，地下匍匐茎尖端的幼嫩部分是"草芽"，味道清爽可口。另外，香蒲花粉俗称"蒲黄"，有药用和滋补功能。香蒲也是重要的造纸和人造棉的原料，茎叶可以用来编织蒲席、坐垫等生活用品。

香蒲是水生宿根的植物，生长过程需要较多的水。秋季时，香蒲植株上部逐渐枯黄，但香蒲的根状茎转入休眠，等待越冬，在第二年气温适宜时再生长。

叶片：柔软狭长，横切面为新月形，叶肉组织为中空的长方形孔格。

叶鞘：在叶片下方，是长达50～60厘米的层层相互抱合的假茎。

分外妖娆的虞美人

　　虞美人就像它的名字一样，姿态分外妖娆。由于虞美人的外观与罂粟很相似，所以人们常常将它们混淆，其实，它们之间的差别还是十分明显的。虞美人的茎秆上覆盖着粗糙的刚毛，摸起来很扎手，而且它们分枝多，叶片薄，罂粟则恰恰与之相反。虞美人的花朵纤薄轻盈，花瓣质地柔嫩，能随着微风轻轻摆动。有些种类的花瓣根部还有大小不一的深色斑点，看起来色彩斑斓，非常美丽。入秋后，虞美人会结出莲蓬状的种荚，种荚外部圆润，里面不规律地分布着许多种子。

叶片狭长，相对生长，最长能达15厘米。

虞美人的蒴果较宽，呈倒卵形，长约1～2.2厘米，里面的种子有很多，形状为长圆形，长约1毫米。当种荚干透以后会自己裂开，种子就能散落在地上了。

花蕊呈丝线状，雄蕊多，雌蕊少。

娇弱的虞美人

虞美人对生长环境的要求非常高，它们既怕冷又怕热，喜欢充足的阳光，却害怕酷热的太阳；喜欢充足的水分，却害怕积水，而且虞美人不耐移植，一旦转移土壤，就会枯萎致死。虞美人在没有风的时候，也会轻轻摇晃身体，摆动花瓣，它们就像不知疲倦的舞者，时时舞动。

虞美人的传说

相传，虞美人最初生长在西楚霸王项羽的宠妃——虞姬的坟墓上，人们见这种花娇弱美丽，常随风轻轻舞动，宛如一位知晓世事的少女，于是便将它看作虞姬的化身，称它为虞美人。

花瓣很薄，质地柔嫩。

花茎上有浓密的小刺。

花苞

种子上有白色冠毛结成的绒球。

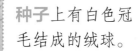

春天的蒲公英

春天，蒲公英早早地冒出几个小花蕾，小花蕾不断长大，变成了一朵朵黄色的花，每个花柄上有大约200朵小花。花谢之后，花柄上就会出现一团白色绒毛，它的上面有无数丝毛，每根丝毛上都附有一粒种子，风一吹，那团白色绒毛就会"四分五裂"，丝毛则带着种子随风飘去，就像一个个小小的降落伞，若遇见适合它们生长的地方，种子就会很快生根发芽，又长出一棵新的蒲公英。

花为亮黄色，由很多细花瓣组成。

叶子呈莲座状，平铺在花朵下方，叶片边缘有波状齿，叶柄带红紫色。

真是不可思议

当根部吸收到的水分顺利运送到花朵这一部分时，蒲公英才会开花或者含苞；当花朵变得十分干燥，长出如棉絮一般的细毛时，蒲公英就会不分白天和夜晚，一直开花。

冠毛

花托

瘦果

总苞片

绒球

并合的花瓣

蒲公英花：蒲公英和向日葵一样，它的头状花序上也有数以百计的小花。

圆锥状的根

四季的蒲公英

夏天，蒲公英只长叶子不再开花。秋天，蒲公英仍在慢慢地生长。到了冬天，蒲公英的叶子变成褐色，但它并没有死亡，而是在等待第二年春天的到来。

豆粒饱满的豌豆

豌豆喜欢攀附着其他植物向上生长。每到夏天，豌豆就会开出白色或紫红色的花朵，它的花瓣好似一只蝴蝶。我们平常见到的豌豆荚是豌豆的果实，豌豆荚有一层坚硬的内皮，由于内皮是煮不烂的，所以无法食用，但豌豆荚中的豌豆粒是可以吃的。每个豌豆荚中都有2~10颗豌豆粒，看起来鲜嫩可人。

豌豆花: 夏天，豌豆会开出白色或紫色的花朵，它的花瓣微微张开，像个微笑的小嘴巴。

营养丰富的豌豆

豌豆中含有丰富的膳食纤维和维生素，经常食用可以调和脾胃，抗菌消炎，美容养生。除此之外，豌豆还可以缓解呕吐腹痛，有很好的食疗作用。

举足轻重的豆类作物

豌豆是世界上第四大豆类作物，全球有很多地方都种植豌豆。加拿大是豌豆产量最多的国家，我国的豌豆产量仅次于加拿大。

豌豆：小小的豌豆粒犹如一颗颗绿色宝石，"睡"在豌豆荚里面。

茎部：可以为豌豆植株提供营养。

豌豆荚：呈长椭圆形，青绿色。豌豆荚将豌豆粒包裹在身体里，由一根短小的柄与茎相连。

豌豆

金灿灿的小麦

你了解小麦吗？我们平时吃的面粉，就是由小麦的种子加工而成。春小麦在春天播种，到了秋天，你就会看到一片金色的麦田，一片丰收的景象。与春小麦不同，冬小麦是每年9~10月播种，来年它们就会长出麦苗，到了4、5月份，就可以收获了。你仔细观察就会发现，沉甸甸的麦穗由一颗颗穿着外衣的麦粒组成，呈圆柱状，大概有10厘米长，浑身布满尖刺，摸上去非常扎手。下面就让我们看看它的"庐山真面目"吧。

小麦种子是如何发芽的?

小麦种子首先通过吸胀作用吸水，细胞内的水含量增加，加快了胚细胞的新陈代谢。这样就会导致细胞呼吸明显加快，给其他的生命活动（如细胞的分裂和分化等）提供更多的能量，最终促使小麦种子的体积增大，种皮破裂，长出幼根和幼芽。

小麦的种皮开始破裂。

小麦的幼根和幼芽长出来了。

向光性使小麦苗的幼茎向上生长，根向下生长。

小麦与水稻的区别

　　小麦主要分布在我国北方，喜欢干旱少雨的气候。水稻主要分布在我国南方，更适应高温多雨的天气。它们的花朵和果实都不同，小麦的花序呈穗状，它的果实呈黄棕色、扁圆形，表面比较光滑；水稻的穗是圆锥状花序，果实像两头尖尖的船的形状，表面很粗糙，呈金黄色。

麦穗：麦穗上可以结出许多麦粒，上面长满针刺。

麸皮：裹在麦粒外面的外衣被称为麸皮，只要用手轻轻一瓣，果实就从麦麸里分离出来了。

叶片：小麦的叶片又长又细，像针的形状，而且表面很粗糙。

表皮

下表皮

外果皮

内果皮

种皮

珠心层

糊粉层

淀粉质胚乳

胚芽

麦芒

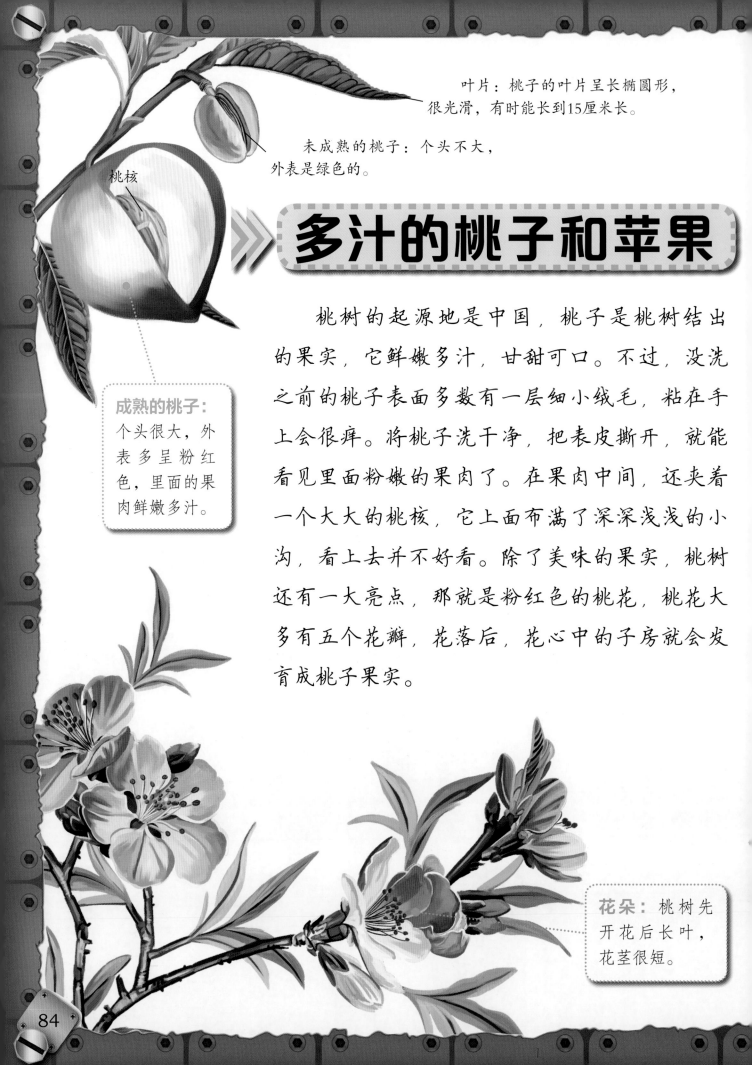

叶片：桃子的叶片呈长椭圆形，很光滑，有时能长到15厘米长。

未成熟的桃子：个头不大，外表是绿色的。

桃核

多汁的桃子和苹果

成熟的桃子：个头很大，外表多呈粉红色，里面的果肉鲜嫩多汁。

　　桃树的起源地是中国，桃子是桃树结出的果实，它鲜嫩多汁，甘甜可口。不过，没洗之前的桃子表面多数有一层细小绒毛，粘在手上会很痒。将桃子洗干净，把表皮撕开，就能看见里面粉嫩的果肉了。在果肉中间，还夹着一个大大的桃核，它上面布满了深深浅浅的小沟，看上去并不好看。除了美味的果实，桃树还有一大亮点，那就是粉红色的桃花，桃花大多有五个花瓣，花落后，花心中的子房就会发育成桃子果实。

花朵：桃树先开花后长叶，花茎很短。

叶子：苹果树的叶子呈暗绿色，边缘有不规则的圆钝锯齿。

苹果花剖面

果心线

花托的髓部

诱人的苹果

苹果的品种很多：有国光、红富士、红玉等。苹果是苹果树上结出的果实。苹果树属于落叶乔木，野生的苹果树可能会长到15米，但人工栽培的树木一般只有3~5米高，苹果树的叶子前面尖尖的，大致呈椭圆形。苹果花的花瓣是细长的，盛开时，白色的花瓣上会晕染出不规则的红色，看起来就像一幅水墨画。等到花落后，苹果树就结出果实——一个个红色的小苹果。

苹果籽： 小小的苹果籽藏在果肉里，它就是苹果的种子。

子房发育而成的真果

果心线

种子

苹果是由**雌蕊根部的子房**和花托等发育而成的，真果是被我们叫作苹果核的部分。将苹果切开，我们能够看到一条果心线，这条线以外都不是子房发育而成的，是由花托及其他部分发育而成。

桃花剖面

柱头
花药
花瓣
花柱
子房
胚珠

匍匐在地的草莓

　　小小的草莓，看起来很像心脏的形状。它身穿红色外衣，浑身长满了许多像芝麻一样的籽。草莓植株一般不会超过40厘米高，它一旦成活，就可以年年开花结果。它的叶片大多呈卵形，上面毛茸茸的，边缘有许多锯齿。草莓开的花大多是白色的，花瓣少，有很多花蕊。草莓没有成熟时，很不好看，硬硬的，是绿色的，等它渐渐成熟后，草莓的颜色慢慢变成浅黄色，再是淡红色，最后长成了鲜红色。

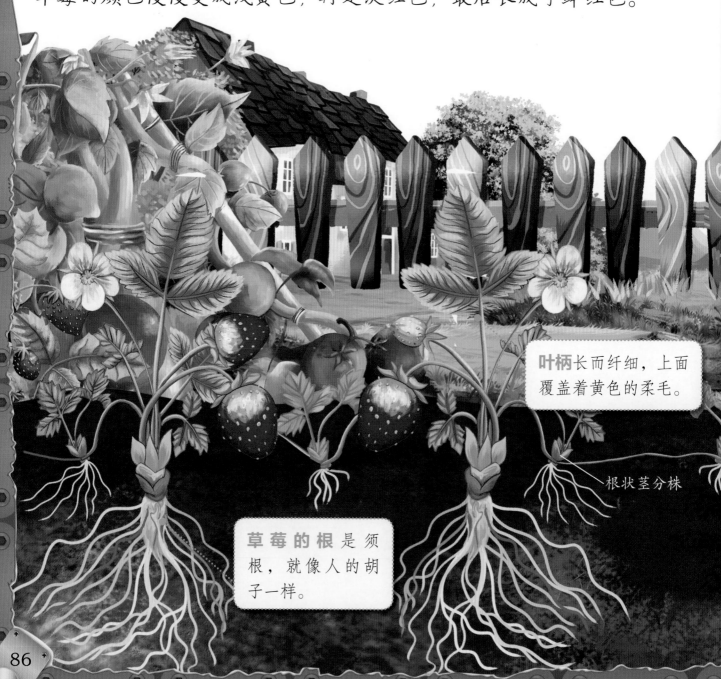

叶柄长而纤细，上面覆盖着黄色的柔毛。

根状茎分株

草莓的根是须根，就像人的胡子一样。

对生长条件的苛刻要求

草莓喜欢阳光，也喜欢温暖的气候，夏天不仅要保证它们有足够的光照，还要随时遮阴降温。种植草莓的土壤疏松度要好，要肥沃，这样结出来的草莓才能又大又甜。如果光照少，气候多变，草莓即便能成熟，也会又酸又涩。

丰富的营养

草莓含有丰富的维生素和纤维素，不仅能补充人体所需的营养，还可以帮助消化，预防癌症。中医常以草莓入药，它对冠心病、脑溢血、高血压等病症有积极的预防作用。

草莓的种子长在哪里？

红红的草莓是由花托发育而成的，如果你仔细观察会发现，草莓的身上长满了小黄点，把这些小黄点刨开，里面包裹着的就是草莓的种子。

叶片呈深绿色，上面有稀疏的、不易被发现的毛。

花

花蕊

种子

果实

坚硬的椰子

在热带水果中，椰子可算是赫赫有名，它是从高大、挺拔的椰树上生长出来的。椰树的树干笔直，它的高度大约7~8米，有的甚至达到30多米高。椰子果实的壳特别硬，椰树是怎么发芽并长得这么高大的？原来，在成熟的椰子果实上，有三个小孔，两个孔是被堵住的，另一个孔为发芽孔。成熟后的果实内部充满了海绵组织，椰树的根从发芽孔长出后，就不断地吸取海绵组织中的养分，并沿着内壳慢慢地伸长。当椰树渐渐长高时，树干下同时会长出很多的不定根来支撑。

会爬树的椰子蟹

椰子蟹喜欢生活在热带雨林的海边，是一种大型的夜行性蟹，它具有与众不同的蓝紫色或棕色外壳，会爬树。椰子蟹的两只大螯非常有力，它常用两只大螯敲开椰壳，大吃大喝。

椰子的果实可借助水力传播。因为椰果的中果皮疏松而富含纤维，能在水中漂浮；内果皮坚硬，可防止海水的侵蚀。所以椰子就能够利用水流的力量漂到更远的地方繁衍生息。

椰子果实有**三个小孔**，两个孔是死眼，另一个孔为发芽孔，幼苗的胚根就是从发芽孔里长出来的。

椰子果实经过两周到六周的阴干，然后埋入铺有厚砂的苗床上，2~4个月后就会发芽。

中果皮

内果皮

外果皮

椰肉

果蒂

椰树幼苗的根长出来后，会不断吸收果实中的营养，并在壳内慢慢伸长，碰到椰壳较软的部分后，就会破壳而出，扎进泥土里。

训练猴子采摘椰子

　　采椰子可是一项高难度的活儿！在一些东南亚国家，人们特别训练一群猴子，让猴子来帮忙采收椰子。训练师通常会在吃饭前，让老练的猴子给小猴子做示范——爬上树梢，折断成熟的椰果，再往下轻抛，然后让小猴子模仿，凡是动作正确的小猴子就能饱餐一顿作为奖励。小猴子经过长期训练以后，个个行动迅速敏捷。它们真是椰农的好帮手！

酸酸甜甜的橘子

　　酸酸甜甜的橘子很好吃，为什么它是一瓣一瓣的呢？原来，橘子果实是由橘花的子房发育形成的，因为橘花的子房里有10~13瓣心皮，它们能将果囊区分开，所以果实成熟后剥开，里面是一瓣一瓣的。

花授粉后10~15天，花瓣和雄蕊逐渐脱落，子房开始膨大，子房内的胚珠发育成种子，子房壁形成果皮。当果皮开始变黄、变薄，果实内的汁囊饱满时，橘子就变成酸酸甜甜的了。

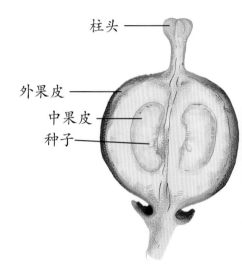

柱头 ——
外果皮 ——
中果皮 ——
种子 ——

让你惊奇的事实

　　食品专家证实，吃橘子好过单纯服维生素片。这是因为橘子中各种抗氧化剂的特殊组合比各种抗氧化剂"单打独斗"更好。抗氧化剂具有延缓衰老，预防各种疾病的功效。

营养多多

橘子含有丰富的维生素C和矿物质，一个橘子几乎可以满足人体每天所需的维生素C量。它含有的果汁又多，不但可以生津解渴，还能养颜美容呢！

油室里面含有橘皮油，具有特殊的香味，有刺激性。酸酸甜甜的味道来自汁囊里的果汁。每一瓣果囊内含有三四百粒汁囊，汁囊含有丰富的水分、糖、柠檬酸等成分。蒂上的小点和果囊外的白色丝状纤维是维管束，通过维管束，水分和养分才能输送到果囊，使果囊长大；每一条维管束与一瓣果囊相连，一点儿也不偏心。

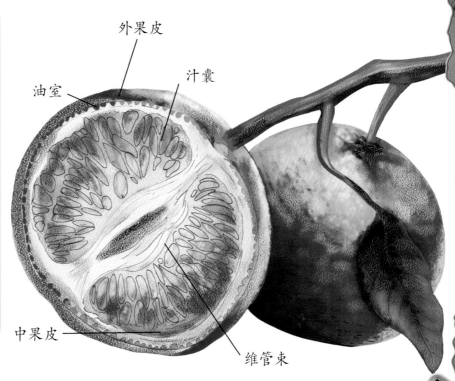

外果皮

汁囊

油室

中果皮

维管束

成串的葡萄

"青帐子，绿屋子，滴里嘟噜挂珠子。"它就是葡萄。春天，葡萄藤上长出了手掌大小的绿叶，慢慢地，葡萄架上就挂满了一串串绿色的、像黄豆一样大的小葡萄。小葡萄慢慢地长大，到了秋天，几十颗葡萄簇拥在一起，它们换上了紫色外衣，成熟了。

花开时，要先剪掉过长的**花穗**，顶端每次都要剪。

扦插法是用带有三四个芽的枝条作插枝，再将它种在土壤中，之后转移到地里。

胚珠——

——子房壁

——子房

葡萄的**卷须**与**花序**能够相互转化，当营养充足时，卷须能转变为花序。

葡萄的果实

葡萄的最外层是外果皮，也就是吃葡萄的时候要吐出来或剥下来的部分，具有保护果肉的作用；中间的果肉含有大量的汁液和养分，称为中果皮；最里面的当然就是种子了，每个种子外面包着一层内果皮。

果梗

内果皮

种子

中果皮
（果肉）

外果皮

汁多味美的番茄

番茄也被称为西红柿，它是番茄植株的果实，这种植物高度一般不会超过两米，而且茎部很柔软，若没有物体支撑，它就会倒在地上。番茄的叶片大小不等，呈羽毛状，边缘为不规则的大锯齿形，表面也不光滑。刚结出的番茄呈青绿色，成熟后的番茄可呈鲜红色或橘黄色，它表皮光滑，汁多味美，只要一切开，里面的汁水就会流出来。由于番茄对生长环境的要求不高，因此我国各地均有种植。

生吃熟吃大不同

番茄生着吃，可以获得大量的维生素C，帮助我们提高免疫力，并预防坏血症；如果将番茄炒熟了吃，它里面就会产生大量的番茄红素，番茄红素可以预防多种疾病。

"魔鬼的果实"

番茄最初生长在南美洲的秘鲁、厄瓜多尔等地，据说，当时当地人见这种果实颜色鲜艳，都不敢轻易食用，怕吃完之后会中毒，所以当地人都把它称为"魔鬼的果实"。后来，有一个叫罗伯特的美国人来到当地，勇敢地吃下了一颗"魔鬼的果实"，谁知他非但没有中毒，而且还边吃边跟围观的人说，味道好极了。就这样，这种果实被当作蔬菜或者水果来食用，并很快传到了世界各地。

枝条：番茄的枝条上可以看见密密丛丛的细小绒毛。

番茄果实：呈球状或扁球状，有光泽。

番茄果实的空洞：光照不足、浇水不足或一株植物上果实太多、营养供应不上，都能导致番茄果皮与果肉胶状物之间形成空洞。

花朵：番茄的花朵是黄色的，它的花瓣细长，有很深的裂片。

萼片：紧贴果实，摘果实时常将萼片一起摘下。

成熟的番茄果肉很软，籽很多，籽是土黄色的。

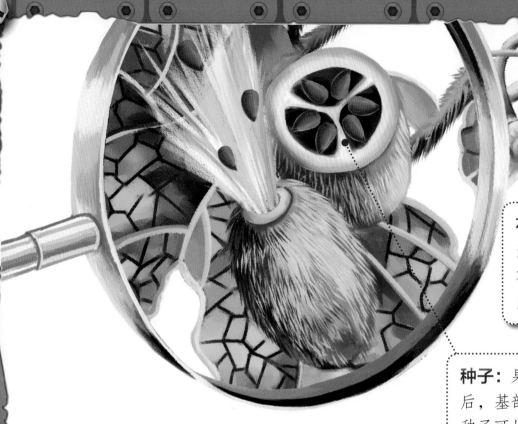

花朵： 入夏后，喷瓜会开出小巧的黄色花朵，花朵枯萎后，就能结出卵状果实了。

种子： 果实从茎上脱落后，基部有一个小洞，种子可从小洞中喷出。

植物中的大炮——喷瓜

　　喷瓜是植物中的大力士，也是出了名的脾气火暴。入秋后，它们会结出许多长满尖锐小刺的椭圆形瓠果，瓠果内部则装满黏液和芝麻大小的种子。这些黏液和种子强烈地挤压着瓠果的外壳。如果有人不小心碰到喷瓜瓠果，它一定会像气球爆炸一样，嘭地破裂，里面的种子和黏液就会喷涌而出。据说它们能喷到15米远的地方呢，所以有人也称喷瓜为"铁炮瓜"。

特殊的种植要求

　　喷瓜看起来并不珍贵，也常常匍匐在地上，但它们对土壤和环境的要求可是非常严格。种植喷瓜的土壤要有氮、磷、钾、钙、硫、镁等多种营养元素，但这些营养元素恰恰是土壤中缺少的，因此一般的土地是种不活喷瓜的。

锯齿：叶片边缘有
细密的锯齿，质地
非常粗糙。

茎壮实粗糙，布满了
扎手的短刚毛。

有毒的黏液

　　喷瓜果实中的黏液是有毒的，因此万万不
能蹭到眼睛里。喷瓜破开时的气流很强，如果不
及时躲开，一定会被它的种子和黏液喷到，所以
千万不要出于好奇去触碰它。

97

不喜欢阳光的桦树

　　桦树是一种温带植物，它不喜欢阳光，如果受到太多的阳光照射，桦树反而会慢慢枯萎。有人说桦树的一生就像人的一生。在刚发芽时，桦树就像一个嗷嗷待哺的婴儿，急需雨水和阳光的滋润。当长了15~16年以后，桦树就像一名结实健壮的少年，此时，它直直地挺立着，还会开出圆柱状的、浑身布满小突起的花序，结出丰硕的、外壳坚硬的果实。虽然它的树干看起来斑纹密布，非常粗糙，但却可以提炼出汁液并制成饮料。50岁时，桦树已然变成了虚弱无力的老人，它的叶片开始散落，结出的果实也越来越少。

雄花的花序为2~4枚簇生，雄蕊花丝短，顶端分叉。

雌花的花序生长在短枝的顶端，形状为圆柱状或矩圆状，将近球形。

叶片：桦树的叶片很光滑，脉络清晰，边缘有明显的锯齿。

种子　　花蕊　　苞果

功能多样的桦树皮

桦树皮坚韧结实，古人常用它盖房子。白桦树的树皮可燃性强，是引火的好原料，据说刚剥下来的湿树皮也可以被点燃呢。后来人们发现桦树皮可以提炼出大量的焦油，于是便将其用作焦油的提取原料。

桦木工艺

桦木质地坚硬，可以做成箭杆等兵器，也可以制作成犁等农具，一些雕刻师还用桦木做雕刻原料，在上面雕刻图像。另外，桦树汁是一种健康的食品原料。桦树汁液丰富，一天一夜就能产出20多公斤桦树汁，据说每棵桦树每年最多能产150多公斤汁液呢。

树皮：桦树的树皮十分光滑，摸上去一点儿也不刺手。

生命短暂的菇类

菇类是最高等的真菌。菇的一生相当短暂，从孢子发芽到成熟，直至死亡，前后不过几天时间。孢子在地下发芽，长成菌丝，菌丝相互缠绕形成菌索，菌索长成菌丝体，菌丝体变成菌包，钻出地面，最终长成菇。

菇成熟后，菌伞下的菌褶中会长出孢子，孢子成熟落地，开始新一轮的生命周期。

菌包长成伞状的菇。

菌包钻出地面，像一枚蛋。

菌包开裂，出现菌伞和菌柄。

真是不可思议

　　菇一般都特别软嫩，人很容易将它们捏碎，但是有一种叫作"猴板凳"的菇，它的质地却十分坚硬，伞盖面积很大，可以承受一只猴子的重量，人也可以像坐板凳一样坐在它上面。

　　单生菇是在枯叶等腐殖质上单独长出的一棵菇，等菇死亡后才会长出另外一棵。

废物处理专家

大自然里生活着的动物和植物死亡以后，尸体或残骸就会堆积起来，日复一日，尸体越积越多，森林里不就……不就……天啊，想也不敢想。

别着急，其实你担心的事情根本不会发生，因为有很多很多的菌类，它们可是优秀的废物处理专家呢！它们会把地球清扫得干干净净。

细菌来帮忙

除了真菌进行着大自然垃圾的处理工作之外，细菌也会来帮忙。细菌会布满朽木和枯叶，分解它们当养料。大多数细菌都是以这种方式生活的。

动植物残骸被分解的秘密

　　真菌的构造跟绿色植物不一样，它们没有叶绿素，不会像绿色植物那样进行光合作用，而是将自身的菌丝伸入土壤里，从朽木、枯叶或其他动植物的残骸中吸收养分，以维持自身的生长需要，这个过程称为"腐生"。在这个过程中，各种动植物的残骸都能被分解，变为土壤肥料的一部分，被绿色植物重新吸收，从而使大自然得以生生不息。

清道夫的工作内容

　　作为大自然的清道夫，细菌和真菌可以做好多好多工作。

分解枯枝。

分解动植物的遗骸，甚至排泄物。

分解松球果。

分解枯叶。

神奇的冬虫夏草

　　冬虫夏草又名"虫草"，是一种神秘的药材，它大多生长在海拔4000米左右的高山灌木丛和高山草甸之间，是昆虫和真菌的结合体。冬天的时候，真菌的孢子侵入土里蝙蝠蛾的幼虫体内，因此得名为冬虫。到了夏天，幼虫成为营养基地，它的头部长出了"草"，得名夏草，所以叫冬虫夏草。冬虫夏草很珍贵，可以抗肿瘤、抗疲劳，人们经常用它来治病。

土壤里蝙蝠蛾的幼虫。

冬虫夏草究竟是虫还是草？

　　冬虫夏草虽然有虫和草的外形，但它既不是虫，也不是草，属于真菌类生物。

菌座从虫体头部长出，有一个细长的柄，柄上生长着一个圆柱形的头部，表面生长许多子囊壳，里面含有传宗接代的子囊孢子。

冬虫夏草由虫体和菌座相连而成，长约5厘米。

虫体外表为深黄色，表面粗糙，背部有很多横皱纹，腹部有8对足，虫体中部的4对最明显。

你可能不知道

冬虫夏草能提高人体的免疫力，抵抗外来病菌和病毒的侵袭，抑制癌细胞裂变，没有毒副作用。

美味可口的松露

松露生长在松树、栎树和橡树等树下的土里，是一种真菌，它的养分来自树根和土壤。松露对生长环境要求很苛刻，是十分珍贵的食材。松露小的如核桃，大的如拳头，是一年生的真菌，过度成熟就会腐烂解体。松露表面有密密麻麻的疣状物，看上去并不像菌类，它们可以散发出干果的香气，吸引小动物前来觅食，从而将孢子带到其他地方。当然，松露不仅能散发出香气，它本身的味道也十分可口，但由于它的稀缺性，我们只能在高级菜肴中看到它的身影。

切面： 松露切面上有复杂的花纹，类似大理石纹。

表面： 松露大多呈球状，表面为褐色或棕色。

寻找松露的好帮手

松露生长在野外的泥土中，一般很难被找到。法国人通常会训练母猪帮忙找松露，意大利人则培训猎犬，可无论是哪一种动物，都需要有灵敏的嗅觉。

长在地下： 松露喜欢阴凉潮湿的环境。

树周：松露一般长在树木周围。

107

很少下雪的北极

北极的大部分地区都覆盖着厚厚的浮冰。除了浮冰，北极地区也有一些陆地，比如加拿大北部的岛屿等。北极的平均温度在-30℃左右，一年四季都很少下雪，而且很少能见到阳光。虽然北极十分寒冷，但也有成千上万的动物居住在那里，如北极驯鹿、北极狐、北极狼、北极熊等。它们不仅给北极带去了生命和活力，更为北极编织出了一个多姿多彩的世界。

海狮

北极燕鸥比任何鸟飞得都远，它们每年都会从北极飞到南极，而当南极到了冬天时，它们还会飞回北极。

逆戟鲸

独角鲸体长一般为3~4米。最引人注目的特征是它们伸出的长牙。其实，那是从嘴的左侧长出来的，长度可达2~3米。

海狮与海豹的区别

观察海狮与海豹的后肢，就可以很容易地将这两种动物区分出来。在陆地上，海狮的后肢可以向前翻，而海豹的后肢太短，几乎派不上用场，所以海豹只能弓着身体向前移动。另外，海狮有外耳，海豹则没有。

让你惊奇的事实

海狮非常善于游泳和潜水，它们在水中嬉戏时，还会从口中吐出泡泡。不仅如此，海狮还跟人十分亲近，记忆力也不错，所以人们可以教它做各种表演。

海象长着一对长长的牙齿。它们大部分时间都生活在陆地上，在觅食时才会潜入海中。

雪鸮常年生活在北极的苔原带。因为身上有厚厚的羽毛，它们习惯于在寒冷环境下生活。

北极熊：北极熊是北极的霸主，也是世界上体形最大的食肉动物之一。它们的体长约为2.2～5.5米。北极熊生活在北极地区，在漂浮的大块浮冰上常常能见到它们的身影。

小抹香鲸

象海豹

王企鹅：体长近1米，体重约15~16千克，颈侧有一个明显的橘黄色斑块。

▶▶ 没有暖流的南极

南极大陆是个非常寒冷的地方，差不多有98%的面积都被冰雪所覆盖，而且冰层厚度达1000多米。由于南极洲没有暖流，所以它比北极更冷。到了冬季，沿海地区的平均温度为-20℃～-30℃，而在内陆则下降到-40℃～-70℃。由于南极洲的环境十分恶劣，以前根本没有人居住，现在只有一些科学考察队临时在此活动。但尽管如此，还是有些动物长期生活在那里，因为它们早已适应了寒冷的环境。

优秀的奶爸奶妈

　　雌企鹅在春天或者夏天产卵，每窝可以产下1~2枚。和大多数动物不同的是，企鹅的爸爸妈妈会轮流照顾宝宝，当一只留在窝里时，另一只则出去觅食。当幼崽破壳而出，爸爸或妈妈就会将食物反哺出来，喂给它们的孩子。

贼鸥

　　帝企鹅体长约120厘米，重达30公斤。与其他企鹅不同的是，它们只在最寒冷的时候产卵。平时它们生活在陆地上，而在捕食时，它们可以下潜到50米深的水中，去捕捉乌贼。

帝企鹅孵蛋

巴布亚企鹅

北美洲北部森林

　　北美洲北部的森林，是指加拿大境内的寒带森林。加拿大国土面积非常大，它横贯北美洲北部，很大一部分都被浓密的森林覆盖。加拿大的夏季凉爽短暂，冬季寒冷漫长，越往北，针叶林逐渐取代了阔叶林，从而形成了寒带森林。在这片森林里，既有凶猛的美洲狮、美洲黑熊，也有胆小温顺的鹿，而土拨鼠、鼠兔则悠闲地栖息在地下。

美洲狮

美洲黑熊：美洲黑熊生活在针叶林和阔叶林区域。它们喜欢独居生活，遇到危险时能爬到树上或跑到河水里。

鲑鱼

水獭

河狸大多在夜间活动，它们会游泳和潜水，还会垒坝呢！它们总是用树枝、软泥和石块垒成堤坝，来阻挡河水的去路。

美国国徽上的白头海雕

生活在北美洲的白头海雕也叫作秃鹰。白头海雕非常凶猛，它的羽毛颜色为深褐色，但头顶上的毛是白色，远远看上去好像是秃的。1782年，它成为美国的国鸟，并成为美国国徽上的主体。在美国国徽上，白头海雕抓着箭和橄榄枝，象征了力量、勇气和自由。

臭鼬的武器

臭鼬遇见敌人会释放非常难闻的臭气，这样，敌人就会被熏得晕头转向，而放弃进攻。

美洲马鹿： 在秋季，马鹿会长出厚厚的皮毛，来适应寒冷的气候。雄鹿还会长出一对漂亮的鹿角。

猞猁 喜欢生活在森林灌木丛地带，它们以鼠类、野兔为食，也会捕捉小野猪或小鹿，在没有食物的日子里，它们可以静卧几日，来忍耐饥饿。

浣熊 喜欢生活在潮湿的森林里，它们的栖息地必须临近水源。冬天的时候，它们跑到空心树或洞中睡觉。

113

北美大草原

　　一望无际的北美大草原是世界著名的草原之一，位于美国的中部和西部，草地上有着丰富的植物资源，是动物们生活的天堂。在那里，既有北美野牛、羚羊等大型动物，也有土拨鼠、响尾蛇、蜥蜴等小型动物，草丛中还生活着各种各样的昆虫，即使在草丛下面的土壤里，也有些怕光的小虫子在里面安家落户。

美洲野牛是世界上体形最大的野牛之一，它的头上长有一对弯曲而锋利的牛角，是一种比较凶悍的动物。

草原犬鼠把地道挖得四通八达，使这些地区简直成了一个生活便利的"社区"。

丛林狼狡猾而聪明，当它们成群结队地出现时，连人类都感到害怕。

美洲獾

草原犬鼠

响尾蛇

黄鼠

黑足鼬

北美洲大草原的地下，生活着草原犬鼠、美洲獾等小型动物。

角百灵

穴鸮

叉角羚是世界上最善于奔跑的动物之一，虽然短距离冲刺速度不如猎豹，但它们长距离奔跑的能力无人能比。

艾草松鸡是北美洲最大的松鸡，在个头上，雄艾草松鸡比雌艾草松鸡要大，雄艾草松鸡常常为了保护自己的伴侣，和"第三者"争斗。

热闹的北美洲沙漠

北美洲沙漠位于美国和墨西哥交界处，这里常年高温，非常荒凉，但是仍然有许多植物、动物生存在这里。蜥蜴、蛇、蝗虫等动物随处可见，而在沙漠食物链的顶端，是狐狸、丛林狼、北美臭鼬等食肉动物，这些生物都会按照自己的方式生息繁衍。虽然这里的气温最高可达50多度，但到了夜幕降临后，就会有许许多多的动物出现在沙漠里，开始了它们快乐、有趣的夜生活。

像树一样的仙人掌

在北美洲索诺兰沙漠中生长着一种形状像树的仙人掌，这就是萨瓜罗掌。它的高度可以达到15米以上，表面布满沟和突起，这些沟和突起会随着体内贮存水分的多少而产生变化。

白尾长耳大野兔的天敌是狼、鹰、山狗和狐狸等肉食动物。

臀部白毛会竖起的叉角羚

　　叉角羚是一种生活在北美洲的哺乳动物，它们的奔跑速度非常快，视力也很好，能看到一千米以外的敌人。当遇到危险时，它们会把臀部的白毛竖起，来向同伴预警。

啄木鸟会在树形的仙人掌上啄洞，以此作为它的房子，它们的幼鸟白天躲藏在自己的小房子里，等待亲鸟寻找食物归来。

响尾蛇生活在干旱的沙漠地区，它们以捕捉小动物为食。

林鼠喜欢在有仙人掌的地区活动，它们会用一块块的仙人掌或树枝筑窝，并且还会把收集到的各种"宝贝"——发光发亮的物品，放进自己的窝里。

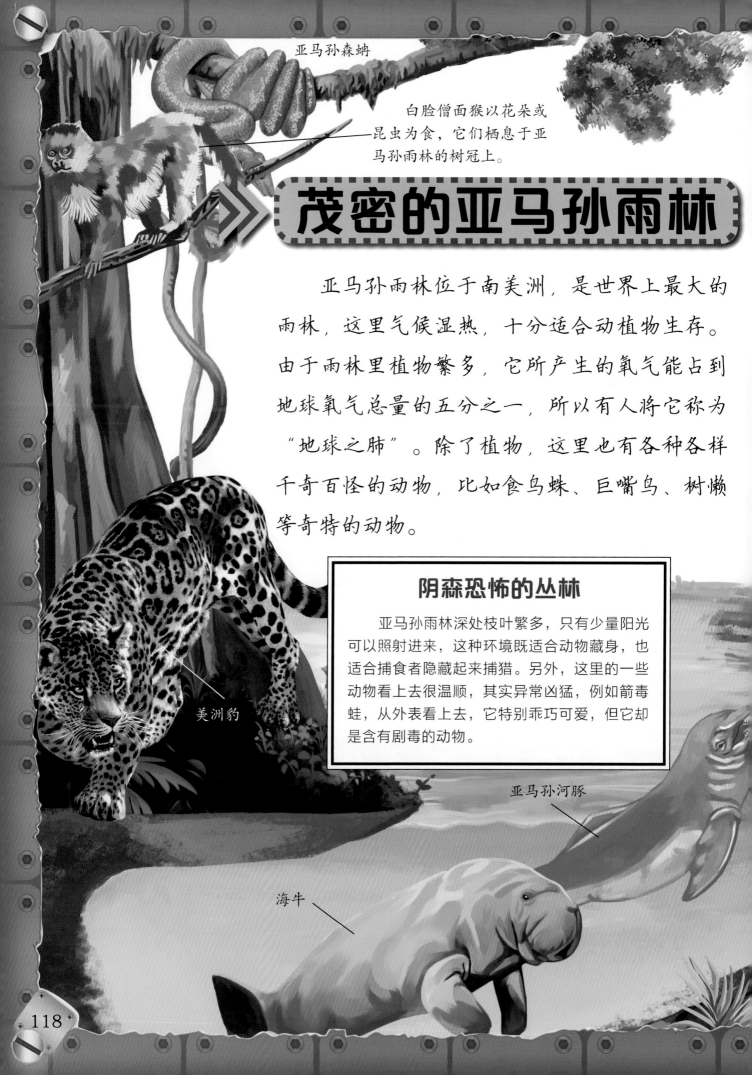

亚马孙森蚺

白脸僧面猴以花朵或昆虫为食,它们栖息于亚马孙雨林的树冠上。

茂密的亚马孙雨林

亚马孙雨林位于南美洲,是世界上最大的雨林,这里气候湿热,十分适合动植物生存。由于雨林里植物繁多,它所产生的氧气能占到地球氧气总量的五分之一,所以有人将它称为"地球之肺"。除了植物,这里也有各种各样千奇百怪的动物,比如食鸟蛛、巨嘴鸟、树懒等奇特的动物。

阴森恐怖的丛林

亚马孙雨林深处枝叶繁多,只有少量阳光可以照射进来,这种环境既适合动物藏身,也适合捕食者隐藏起来捕猎。另外,这里的一些动物看上去很温顺,其实异常凶猛,例如箭毒蛙,从外表看上去,它特别乖巧可爱,但它却是含有剧毒的动物。

美洲豹

亚马孙河豚

海牛

让你惊奇的事实

亚马孙森蚺通常栖息在泥岸和浅水中，它们的体长可达8米以上，以乌龟、水鸟、水豚等动物为生。亚马孙森蚺虽然无毒，但它们的捕食方法十分奇特，它们常用身体紧紧缠绕住猎物，使之窒息，它们的力气很大，甚至能缠死一只鳄鱼。

巨嘴鸟主要分布在亚马孙雨林深处，它们的嘴非常巨大，以果实或者昆虫为生。

水豚

水獭

负鼠

绯红鹦鹉

蓝黄鹦鹉

貘是一种食草的动物，善于游泳和潜水，喜欢生活在水边。

危险恐怖的亚马孙河

亚马孙河流域位于南美洲，属于热带雨林气候。亚马孙河是世界上水流量最大的河流，比尼罗河、长江和密西西比河这3条河相加起来的总流量还要多。亚马孙河的周围覆盖着大片大片的森林，是成千上万动植物们的家园。不过，生活在亚马孙河流域的动物大多十分残暴。所以，基本上没有什么人敢轻易踏足这里。

红鹮

水獭

塔巴基鱼：塔巴基鱼生活在亚马孙河的各个支流中，它们每天可以吃进去1千克植物的种子。

海牛：海牛是亚马孙河里最大的动物，体长能达到2.5米，它们一天可以吃掉20千克的植物。

电鳗：电鳗的体内可以释放出650伏的电流，用来杀死猎物。

让你惊奇的事实

　　亚马孙河里有一种可怕的鱼，被称为食人鱼。这种鱼体形虽然不大，但它的性情却十分残暴。在捕猎时，它们会成群结队地蜂拥而上，用锋利的牙齿，像手术刀一般疯狂地撕咬猎物，直到猎物剩下一堆骨头为止。

顶级掠食者——凯门鳄

　　凯门鳄身长可以达到6米，这就意味着它们是亚马孙河的霸主，只要是能吃的食物它几乎都吃，包括鹿、水獭、猴子、海牛、巨蟒等。它们同样也攻击人类。2010年，一名科学家在船屋里遭到了凯门鳄的袭击，虽然成功逃脱，但还是失去了一条腿。据说，这条鳄鱼很有耐心，已经在船屋下面静静守候了8个月。

凯门鳄：凯门鳄现在已经十分稀少了，因为人类猎捕它们获取鳄鱼皮。

食人鱼

巨骨舌鱼：巨骨舌鱼是世界上最大的淡水鱼，它们可以长到3米长，体重达200千克。

欧洲的森林

欧洲绝大部分地区的气候温和潮湿，夏季不太炎热，冬季也不会很寒冷。在欧洲的森林里，针叶植物和落叶林繁茂地生长，为居住在这里的动物们提供了很好的栖息地。在这里，居住着笨笨的熊、狡猾的狐狸、凶狠的狼以及长着一对獠牙的野猪等动物。

黇鹿喜欢在开阔的林地活动。雄鹿喜欢独来独往，雌鹿带着孩子一起过着群居生活。

狍的身体是草黄色的，雄狍头上有角，它会守护自己的领地不受侵犯。

赤狐身上毛的颜色会因季节不同而有较大变化，它通常白天在洞中休息，夜里才出来活动。

夜晚时，石貂会出来捕食小型猎物。

榛睡鼠白天喜欢睡大觉，夜晚出来寻找食物。它们不像松鼠那样储存过冬的食物，而是饱饱地吃上一顿，然后一觉睡到春天再醒过来。

棕熊虽然体形庞大，但却是十分害羞的动物。鲑鱼和蜂蜜是它们的最爱，水果和浆果也是它们百吃不厌的食物。

欧林猫不仅吃小鸟和老鼠，它们也会吃鸭子和鹅。也许是因为它们偷吃家禽而被人类注意，因而开始被人们收养，成了家猫的祖先。

野猪和家猪是近亲，它长着一对尖锐的獠牙，喜欢吃蛇、老鼠、青蛙等小动物，还吃一些草类和植物种子，最爱吃的是橡子。

欧亚北方森林

欧洲和亚洲的北方地区，冬季比较寒冷漫长，只有少数的植物能在冬季里生长，如松树、冷杉、云杉等。针叶树的种子隐藏在坚硬的球果里，它们吸引了许多过冬的动物都迁徙到针叶林中，以获得食物和躲避天敌。

针叶树

大多数针叶树是常绿的，它的形状使得积雪能够从树枝上滑落下来。针叶树的种子是裸露的，包裹在坚硬的球果里。

远东豹

欧亚獾的视力不太好，但嗅觉灵敏。它们能在地下挖掘出庞大的洞穴系统。

狼獾

红交嘴雀嘴上的喙尖可以剥开球果的外壳，这使得它们在冬天也能吃到植物的种子。

苍鹰是食肉动物，它们不仅捕食天上的鸟类，还捕捉地面上的小动物。

麝香鹿：雄麝香鹿的麝腺会产生麝香，并散发出强烈的气味，来吸引雌性。

驼鹿以树皮、树叶和矮小的植物为食，它们是世界上最大的鹿科动物，冬天生活在针叶林中。

蟒蛇可以吞食比自己身体还大的猎物。它们没有致命的毒牙，而是用长长的身体把猎物捆住，直到猎物窒息死亡。蟒蛇能把嘴巴张得很大，大多时候都是把猎物勒死后，一口吞入腹中。

亚洲的丛林

亚洲的许多丛林雨水十分充足，植物生长茂盛，丛林中的小路被藤蔓植物所覆盖着，到处都是开着野花的矮树丛，这十分有利于动物们生存。大象、犀牛、豹子、鳄鱼等都在这里生活，极有攻击性的蟒蛇也在丛林里出没，而凶猛的孟加拉虎也会在丛林间游荡和觅食。

彩鹳

水雉比较活泼，它们有时小群活动，能在水面的百合、莲等植物上奔走和停息，还会游泳和潜水。

射水鱼

丛林里的榕树

榕树生长在潮湿的热带地区，它们喜好酸性土壤。一棵大榕树往往能覆盖很大面积，远远地看上去，就好像是一片茂密的树林。榕树的气生根可以从树枝上向下生长，到达地面后又会入土，形成支柱根。

雄性长鼻猴修长的大鼻子悬垂到嘴的前面，它们不仅会爬树，在危险时还会潜入水中很长时间。

长臂猿通常是一小群在一起生活，它们用长臂在树间攀爬，喜欢吃果实、昆虫、幼鸟和鸟蛋。

泽鸡

孟加拉虎的皮毛为浅红棕色，有美丽的深色花纹。它们的猎物主要是野猪、鹿、水牛等动物。

鲇

亚洲干草原

　　亚洲干草原是一种干燥的半贫瘠草原。这里的泥土终年干燥，植物种类稀少，既没有树，河流也非常稀少。干草原上生长着牛毛草、丛生禾草、冰草和地衣等植物。虽然气候恶劣，但仍然有相当多的动物在这里生活。

黄棕色的**中亚野驴**生活在干草原上，现在数量很少，已经濒临灭绝。

双峰驼有两个圆锥形、储存着脂肪的驼峰，双峰驼是一种生命力非常顽强的动物，它们可以在高温的环境里长途跋涉。

高鼻羚羊

兔狲的体形有些像家猫，它们的尾部有着环形黑纹，腹部长着长毛。

沙鸡

变化的气候

干草原上的气候变化很大，这里的夏天非常炎热，冬天则非常寒冷。而那些依靠雨水生长的植物，却只能等待着春天和秋天雨季的到来。为了适应这种恶劣的气候，大群的动物不断地迁徙，寻找适合它们生存的地方。

野马

干草原上的动物们

在干草原上，动物们的生活会随着雨季的到来而活跃起来。一到雨季，草原上就会热闹起来，大群的昆虫飞来飞去，旱獭、狼、瞪羚、狐狸和野马等动物也会纷纷行动起来。

现存的**野马**已经十分稀少，它们主要生活在中亚的草原上。

草原黄鼠

旱獭

大鸨常常在干草原上奔跑，寻找昆虫和种子，当作食物。

中亚酷热的戈壁

绵亘在中亚浩瀚大地上的广袤戈壁，是经过几十万年地质、气候不断变化而形成的。这里气候干燥、风沙不断，虽然没有茂密的植被，但依然有许多不同种类的动物在这里栖息繁衍。这些动物适应了戈壁的气候和环境，用各自的本领生存，并演绎出一个又一个的生命故事。

加热冷空气的鼻子

高鼻羚羊的鼻子非常突出，几乎是垂挂在羊嘴上。这种大鼻子可以适应寒冷的天气，它可以把冷空气从鼻孔吸入，经过加热后再吸入肺里。大鼻子还可以过滤空气中的灰尘，是一个很好用的"空气净化器"。

黑尾地鸦

高鼻羚羊和其他种类的羚羊相比，算得上是一个小胖子，但它们可不笨拙。高鼻羚羊的奔跑时速可达80千米。

长耳刺猬可以一口咬碎黑甲虫、蟋蟀、蜘蛛等，即便是有毒的蝎子，它们也照吃不误。

长爪沙鼠的大眼睛向外凸出，这使它们的视角达到360度，能更好地看清周围的环境。

摇曳的沙舟

双峰驼被称作"摇曳的沙舟",因为它们在走路时会同时先迈两条左腿,再迈两条右腿,这使它们走起路来左右摇摆。它们非常适应戈壁沙漠里的气候,是人们喜爱的"沙舟"。

草原雕

双峰驼的头小、躯干短,四肢长,鼻子能开闭,这些特点使它很适合在戈壁中生活。

毛腿沙鸡在飞行时会用翎毛发出声音,它们会成群聚集在水边饮水。

荒漠巨蜥总是摇头晃脑地迈着悠闲的步子,去寻找猎物,一旦找到猎物的洞穴,就会用锋利的爪子把它挖开,把里面躲藏的小动物吃掉。它们喜爱吃蜥蜴、蛇和昆虫等动物。

不可思议的大洋洲

在所有大洲中，大洋洲的动物最与众不同。世界上有200多种有袋动物，差不多有一半都在大洋洲生活。

澳大利亚是大洋洲最大的国家，在澳大利亚的大草原上，到处都生长着带刺的矮树和灌木丛。而在北部靠近海岸的森林中，生长着茂密的蕨类植物和大量的棕榈树。由于大洋洲与其他大陆并不接壤，因此，你会看到在其他大洲难得一见的动物。现在就让我们一起去看看吧。

极乐鸟

琴鸟

几维鸟

凤头鹦鹉生活在树顶，在树干上筑巢。它的嘴很坚硬，可以轻松地啄碎硬硬的果实。凤头鹦鹉的寿命很长，最长可以活到100岁，可谓是动物界中的老寿星。

考拉一天中的绝大部分时间都是在桉树上度过的。它们只吃桉树叶。

袋鼠是大洋洲独有的动物，它常以跳代跑，最高能跳到4米左右，最远可跳至约13米，是跳得最高最远的哺乳动物。

鸸鹋

鸭嘴兽生活在洞穴里，每天的早晨和傍晚，它都会离开洞穴去水中捕食小鱼和小虾。

琴鸟是澳大利亚的国鸟，它的体形很大，雄琴鸟有长长的尾羽，外侧宽阔的尾羽向两侧卷曲，外形酷似竖琴，极其华贵美丽。

133

非洲稀树草原

非洲稀树草原非常辽阔，树木稀少，偶尔会出现几棵孤零零的猴面包树和金合欢树，它是世界上最大的动物家园之一。在一年中的大多数时间里，草原上的草都因干燥而变为黄色，只有雨季到来时，草才会变绿并快速生长。非洲稀树草原是动物们的天堂，在这里，羚羊大量繁衍生息，成群的长颈鹿在草原上散步，凶猛的雄狮四处寻找着它们的猎物。

斑马是马科动物中唯一有条纹的成员，它们不容易被驯化。

长颈鹿奔跑的速度不是很快，它们的主要天敌是狮子，长颈鹿经常和斑马、羚羊生活在一起。

獴

蓝小羚羊双腿纤细，善于奔跑，它们有着敏锐的视觉、听觉和嗅觉，可以一边寻找食物，一边警惕周围环境的变化。